高职高专系列教材

AutoCAD 2006 中文版
实用教程

张忠蓉　编

胡建生　审

机械工业出版社

本书通过大量的绘图实例，用精简的语言和简单的方法介绍了中文版 AutoCAD 2006 软件的常用功能和基本绘图知识。

本书的章节安排是按机械图的作图顺序，由浅入深地、由平面到空间，较细致地、简洁地介绍了计算机绘图的基本技能与技巧。本书的主要内容包括：AutoCAD 基础知识与绘图环境设置、AutoCAD 基本绘图命令、AutoCAD 图形编辑命令、辅助绘图与快速作图、尺寸与文字标注、零件图的绘制、装配图的绘制、AutoCAD 设计中心及其他、3D 实体的绘制、3D 实体的编辑、打印输出。

本书所列举的实例主要是机械图样，也参考了一些制图员技能考试题目，图样多，例题、习题量大，适合于学生进行多方面的练习，每章后面都附有思考题与上机练习内容。本书附录中还专门设置了一些计算机绘图图例，以供学生进行练习与提高，不仅方便教师课后给学生安排练习题目，也适合于读者自学。

本书建议教学学时数为 30 ~ 50 学时，可作为高职高专计算机绘图课程的教材，也可供工科高等院校或成人教育和工程技术人员使用或参考。

图书在版编目（CIP）数据

AutoCAD 2006 中文版实用教程/张忠蓉编. —北京：机械工业出版社，2008.2（2021.1 重印）
高职高专系列教材
ISBN 978-7-111-23303-9

Ⅰ. A… Ⅱ. 张… Ⅲ. 计算机辅助设计 – 应用软件，AutoCAD 2008 – 高等学校：技术学校 – 教材 Ⅳ. TP391.72

中国版本图书馆 CIP 数据核字（2008）第 005135 号

机械工业出版社（北京市百万庄大街 22 号　邮政编码 100037）
策划编辑：郑　丹　责任编辑：王德艳　责任校对：王　欣
封面设计：陈　沛　责任印制：常天培
北京盛通商印快线网络科技有限公司印刷
2021 年 1 月第 1 版第 12 次印刷
184mm×260mm · 14 印张 · 342 千字
32901—33900 册
标准书号：ISBN 978-7-111-23303-9
定价：39.00 元

电话服务　　　　　　　　网络服务
客服电话：010-88361066　机　工　官　网：www.cmpbook.com
　　　　　010-88379833　机　工　官　博：weibo.com/cmp1952
　　　　　010-68326294　金　书　网：www.golden-book.com
封底无防伪标均为盗版　机工教育服务网：www.cmpedu.com

前 言

本书是根据高职高专院校的培养目标、学生的特点，以及对计算机绘图课程的教学要求编写而成的，较细致地、简洁地介绍了计算机绘图的基本技能与技巧。

本书的主要特点是：

1) 按机械图的作图顺序编写，循序渐进地介绍了用 AutoCAD 软件绘制机械图的基本技能及相关技术，符合教学进程安排，适合于教师授课。

2) 本书所举的实例主要是机械图样，图样多，例题、习题量大，适合于学生进行多方面的练习，且可用做制图员培训用书。

3) 本书的主要内容包括：AutoCAD 基础知识与绘图环境设置、AutoCAD 基本绘图命令、AutoCAD 图形编辑命令、辅助绘图与快速作图、尺寸与文字标注、零件图的绘制、装配图的绘制、AutoCAD 设计中心及其他、3D 实体的绘制、3D 实体的编辑、打印输出。本书较细致地、简捷地介绍了计算机绘图的基本技能与技巧。

4) 本书语言精练、方法简单、通俗易懂，且页面清新，每章后面都有思考题与上机练习内容。本书附录中还专门设置了一些计算机绘图图例，以供学生进行练习与提高，不仅方便教师课后给学生安排练习题目，也适合于读者自学。相信读者在用过此书之后，能迅速掌握 AutoCAD 的绘图技能与技巧，使计算机绘图能力得到较大的提高。

5) 本书建议教学学时数为 30~50 学时，可作为高职高专计算机绘图课程的教材，也可供工科高等院校或成人教育和工程技术人员使用或参考。

本书由张忠蓉编写，由胡建生审稿。本书在编写过程中，得到了有关领导与同志们的大力协助，在此表示感谢。

本书配有电子课件，凡使用本书作为教材的教师可登录机械工业出版社教材服务网www. cmpedu. com 注册后下载。咨询邮箱：cmpgaozhi@ sina. com。咨询电话：010 - 88379375。

由于编者水平有限，书中难免有错误和不妥之处，敬请读者批评指正。

编 者

目　　录

第一章　AutoCAD 基础知识与绘图环境设置

AutoCAD 是美国 Autodesk 公司推出的供多行业设计人员设计和绘图使用的设计软件包，其英文全称为 Auto Computer Aided Design（即计算机辅助设计）。由于它功能强大，使用方便、易于进行平面图形与三维图形的绘制，且兼容性好，是目前世界上最流行的计算机辅助设计软件之一，被广泛地应用于机械、建筑、电子、航天以及石油化工等设计领域。Auto-CAD 2006 继承了以前版本的所有功能，并在运行速度、编辑功能、打印、网络功能等诸多方面有了显著的改善。

本章主要介绍以下内容：
- AutoCAD 2006 用户界面
- AutoCAD 2006 图形文件管理
- AutoCAD 2006 数据输入方式与命令执行
- AutoCAD 2006 绘图环境与图幅设置

第一节　AutoCAD 2006 用户界面

一、启动 AutoCAD 2006 程序

单击"开始"菜单/"所有程序"/"AutoCAD 2006"，或双击桌面上的 AutoCAD 2006 图标，出现如图 1-1 所示的用户界面。

☞注：

上述方法启动 AutoCAD 2006 程序，是在没有出现"启动"对话框的情况下直接进入图 1-1 所示的用户界面。如果在启动时出现了一个"启动"对话框，可单击"取消"按钮，跳过各项选择，直接进入用户界面。关于"启动"对话框的内容，此处不再赘述。

二、退出 AutoCAD 2006 程序

单击窗口"关闭"按钮，或单击"文件"菜单/"退出"命令，即关闭程序，返回 Windows 桌面。

三、AutoCAD 2006 用户界面及组成

1. 标题栏

显示 AutoCAD 2006 程序名称及当前打开的文件名。左侧有窗口的控制菜单图标，右侧有最小化、最大化/还原、关闭按钮。

2. 菜单栏

共有文件、编辑、视图、插入、格式、工具、绘图、标注、修改、窗口、帮助等 11 项下拉菜单，AutoCAD 大多数操作命令都可以在此找到。

☞注：

1）允许自定义下拉菜单，方法是选择"工具"/"自定义"/"界面"命令，在弹出的对话框中定义。

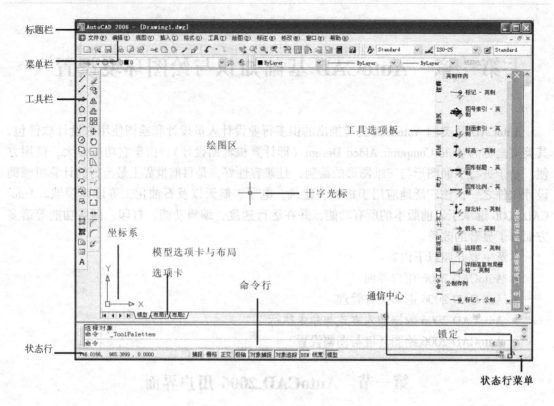

图 1-1　AutoCAD 2006 用户界面

2）如无意中丢失了下拉菜单，可在命令行输入 Menu 命令，在弹出的对话框中打开"ACAD"菜单文件即可修复。

3. 工具栏

工具栏由一系列图标按钮构成，每一个图标按钮都形象地表示了一条 AutoCAD 命令，单击某图标按钮，可调用相应的命令。如果光标在某个图标按钮上稍作停留，屏幕上将显示出该按钮的名称（提示），并同时在状态栏中给出相应的简要说明。

☞ 注：

1）每个工具栏都可用鼠标拖动到任何位置（拖动工具栏左侧的竖条或标题栏）。

2）屏幕上常用的工具栏主要有：标准、图层、样式、绘图、修改、对象特性等，如图1-2 所示。

3）打开或关闭工具栏的操作为：右键单击任一图标按钮，可弹出工具栏快捷菜单，如图 1-3 所示，选中即打开。

4. 绘图区

界面上最大的空白区域是绘图区，是显示和绘制图形的工作区域。绘图区没有边界，利用视窗缩放功能，可使绘图区无限增大或缩小。工作区域的实际大小，即长、高各有多少数量单位，可根据需要自行设定。绘图区中有十字光标、用户坐标系图标、滚动条等。绘图区的背景颜色默认为黑色，光标为白色，也可由"工具"菜单/"选项"/"显示"选项卡下的"颜色"按钮设置不同的背景颜色。打开的对话框如图 1-4 所示。

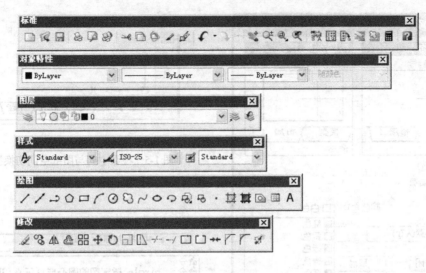

图 1-2　AutoCAD 常用的工具栏

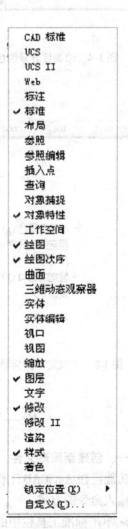

图 1-3　"工具栏"快捷菜单

　　绘图区左下角是模型选项卡与布局选项卡切换按钮（模型/布局 1/布局 2），用户可利用它方便地在模型空间与图纸空间之间切换。默认用户的绘图空间是模型空间，如图 1-5 所示。

5. 命令行

　　命令行也称命令窗口或命令提示区，是用户与 Auto-CAD 程序对话的地方，显示的是用户从键盘上输入的命令信息，以及用户在操作过程中程序给出的提示信息。在绘图时，用户应密切注意命令行的各种提示，以便准确快捷地绘图，如图 1-6 所示。

6. 状态行

　　状态行位于 AutoCAD 工作界面的底部，显示当前十字光标的三维坐标和 9 种辅助绘图工具的切换按钮，单击切换按钮，可在系统设置的 ON 和 OFF 状态之间切换，如图 1-7 所示。

　　状态行的右侧还有"通信中心"、"锁定"图标和"状态行菜单"下拉按钮，如图 1-1 中右下角所示。

　　"通信中心"用于连接到 Internet，以便于及时进行软件的更新等。"锁定"功能是 AutoCAD2006 的新增功能，可用于锁定工具栏或窗口等。单击"锁定"按钮后可弹出菜单如图 1-8 所示，可对工具栏、窗口进行锁定或解锁。"状态行菜单"用于控制状态行上的光标坐标值显示与否、辅助工具按钮显示与否，或状态行托盘的设置等。图 1-9 所示为打开的"状态行菜单"。

图 1-4 绘图区背景颜色设置对话框

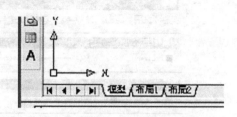

图 1-5 模型空间与图纸空间切换按钮

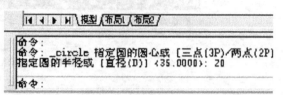

图 1-6 命令行

| 132.4087, 26.4063 , 0.0000 | 捕捉 栅格 正交 极轴 对象捕捉 对象追踪 DYN 线宽 模型 |

图 1-7 状态行上的辅助绘制工具按钮

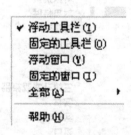

图 1-8 "锁定"图标弹出的快捷菜单

图 1-9 "状态行菜单"

第二节 AutoCAD 2006 图形文件管理

一、创建新图形文件

功能：在 AutoCAD 工作界面下建立一个新的图形文件。

输入命令的方式：

➢ 单击标准工具栏中的"新建"按钮

➢ 单击菜单栏中的"文件"/"新建"命令

> ➤ 由键盘输入：New ✓
> ➤ 按快捷键：Ctrl + N

　　上述任一种方式都会打开
"选择样板"对话框，如图 1-10
所示。该对话框中将默认打开系
统预置的样板文件夹 Template，
该文件夹中每一个文件都是一个
预先设置好的样板（包括系统配
置、绘图单位、图幅、图层、图
框、线型、标题栏、文字样式、
尺寸样式等），可多次调用，该
类型文件的扩展名为".dwt"。
如果用户要用自己的方式来设置
绘图环境，可选择 acadiso.dwt，
如图 1-10 所示，再单击"打开"

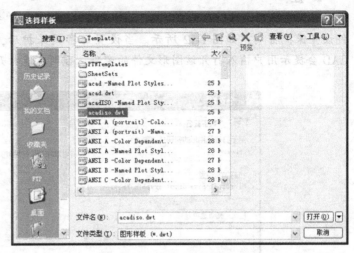

图 1-10　"选择样板"对话框

按钮，便建立了公制绘图环境下的一个新文件。

二、保存图形文件

　　功能：将所绘制的图形以文件的形式存盘，且不退出绘图状态。
　　输入命令的方式：
> ➤ 单击标准工具栏中的"保存"按钮 🖫
> ➤ 单击菜单栏中的"文件"/"保存"或"另存为"命令
> ➤ 由键盘输入：Qsave 或 Save ✓
> ➤ 按快捷键：Ctrl + S

　　对于新文件，以上任一种方式都会打开"图形另存为"对话框，用户可将文件赋名存盘。保存文件的类型为"AutoCAD 图形文件"，扩展名为".dwg"，如图 1-11 所示。对于已

图 1-11　"图形另存为"对话框

有的文件，除了"另存为"命令外，均不再打开此对话框。

☞ **注：**

在保存图形文件时，如在图 1-11 中单击"工具"/"安全选项"命令，可为该图形文件设置保护密码，如图 1-12 所示。当设置好密码保护后，再次打开该图形文件时，Auto-CAD 会提示用户输入打开该图形文件的密码，否则不能打开该图形文件。

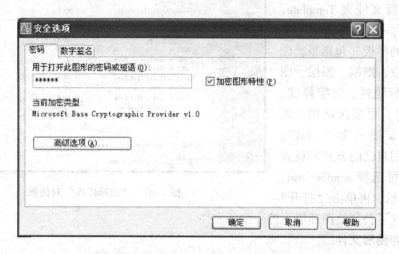

图 1-12　为图形文件设置保护密码的"安全选项"对话框

三、打开图形文件

功能：在 AutoCAD 工作界面下打开一个或多个已有的图形文件。

输入命令的方式：

➢ 单击标准工具栏上的"打开"按钮

➢ 单击菜单栏中的"文件"/"打开"命令

➢ 由键盘输入：Open ↙

➢ 按快捷键 Ctrl + O

在出现的"选择文件"对话框中选择图形文件，单击"打开"按钮即可，如图 1-13 所示。

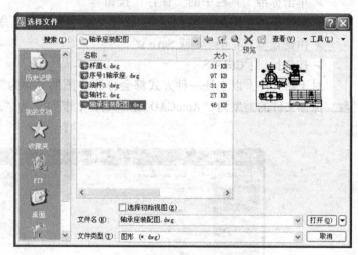

图 1-13　"选择文件"对话框

第三节　AutoCAD 2006 数据输入方式与命令执行

一、平面上点的数据输入方式

在 AutoCAD 中有两种坐标系，一种是世界坐标系（WCS），是系统默认的；另一种是用户坐标系（UCS），由用户自定义。在 WCS 中，*X* 轴是水平的，*Y* 轴是垂直的，*Z* 轴垂直于 *XY* 平面，原点是图形左下角 *X*、*Y* 和 *Z* 轴的交点（0，0，0）。一般的二维图形都是在 WCS 中绘制的。

1．动态输入点的坐标

动态输入点的坐标是 AutoCAD2006 新增的功能，操作时先单击状态行上的"DYN"按钮，使其处于按下的状态（或用 F12 键切换）。在用绘图命令绘制图形时，屏幕上会出现当前点所在位置的坐标、长度或角度的标注值等提示，该提示会随着光标移动而动态更新，使用 Tab 键可在这些值之间进行切换，用户可单击屏幕上的点确定点的位置，也可从键盘上输入点的坐标来确定点的位置。

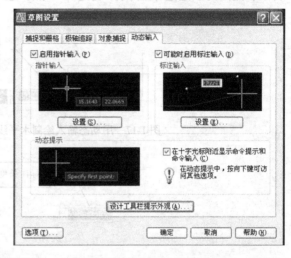

图 1-14　动态输入选项设置的"动态输入"选项卡

"动态输入"有三个选项：指针输入、标注输入和动态提示。在"DYN"上单击右键，然后单击"设置"，可以控制启用"动态输入"时每个选项所显示的内容，如图 1-14 所示。

当选中"启用指针输入"后，在执行命令过程中，十字光标位置附近的工具栏提示中将显示坐标，此时便可以在工具栏提示中输入坐标值，而不用在命令行中输入，如图 1-15 所示。

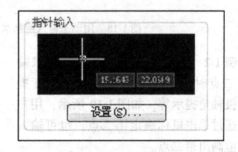

图 1-15　启用指针输入时点坐标的动态提示

需要说明的是：第二个点和后续点的输入为相对极坐标（对于"矩形"命令，为相对笛卡尔坐标），不需要输入@ 符号，这是与 AutoCAD 以前的版本不同之处。如果需要使用绝对坐标，应使用#号作前缀。例如，要将对象移到原点，应在提示输入第二个点时，输入 #0，0；如要移动到点（100，50）上，应输入#100，50。单击图 1-15 中的"设置"按钮，可对指针输入进行设置，如图 1-16 所示。

下面举例说明动态输入点的坐标的输入方法，动态输入的设置采用图 1-14 中的默认状态。

例 1-1　绘制一条水平直线。选择"直线"命令后，随着十字光标的移动，屏幕

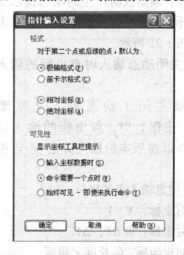

图 1-16　"指针输入设置"对话框

上出现坐标位置提示，如图 1-17 所示的提示，可用鼠标单击屏幕上的点来确定第一点，也可从键盘上输入 X、Y 值，输入 X 坐标后，用 Tab 键移动到后一个提示中输入 Y 坐标值，按回车键确认。当要求输入第二点时，屏幕上出现标注长度提示，极轴角提示等，如图 1-18 所示，用户可以通过单击鼠标确定第二点，也可直接输入长度值（例如 500）画出第二点。

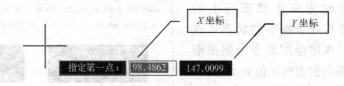

图 1-17　用动态输入绘制水平线第一点时产生的动态提示

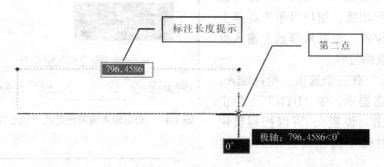

图 1-18　用动态输入绘制水平线第二点时产生的动态提示

例 1-2　绘制一条竖直线。当要求输入第二点时，屏幕上出现的标注长度提示，极轴角提示等，如图 1-19 所示，用户可以通过单击鼠标确定第二点，也可输入长度值画出第二点。

同理：画斜线时产生的动态提示如图 1-20 所示。画圆时产生的动态提示为半径，如图 1-21 所示。

2. 关闭动态输入时点坐标的输入方法

如果关闭了动态输入（即弹起"DYN"按钮）时，点坐标的输入就同 AutoCAD 以前版本的输入方法完全相同了。

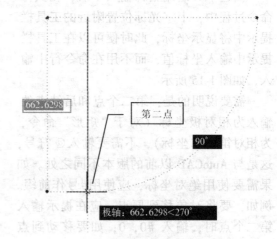

图 1-19　动态绘制竖直线时产生的动态提示

1）键盘输入点的坐标

绝对坐标：X，Y　　　　　　　　（相对于坐标原点）

相对坐标：@ΔX，ΔY　　　　　　（相对于当前点）

相对极坐标：@长度 < 角度　　　　（相对于当前点）

例 1-3　用三种不同的方式输入 a、b 两点的坐标（见图 1-22）。

图 1-20 画斜线时的动态提示

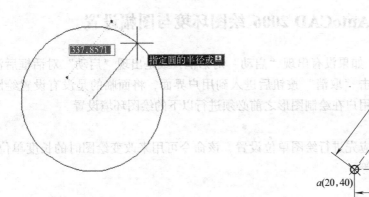

图 1-21 画圆时关于半径的动态提示

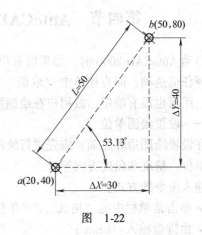

图 1-22

用绝对坐标分别输入：

a 点	20，40
b 点	50，80

用相对坐标输入：

先输入 *a* 点	20，40
再输入 *b* 点	@30，40

用极坐标输入：

先输入 *a* 点	20，40
再输入 *b* 点	@50 < 53.13

2）鼠标输入：单击某点。

3）对象捕捉输入：命令执行时，提示输入点，可点取对象捕捉图标，用鼠标精确输入。

二、命令的输入方式

AutoCAD 中命令的输入方式通常有以下三种：

1）在命令行从键盘直接输入命令（例如输入直线命令：Line 或 L）。

2）单击工具栏中的图标按钮。

3）单击下拉菜单中相应的命令。

以上三种方式是等效的，用户可按自己的习惯选择一种方式输入即可。

三、终止命令的输入与执行

当一个命令在执行中时，可按 ESC 键或按回车键或单击右键终止执行。

四、重复上一个命令的输入

在无命令状态下，单击右键或按回车键均可重复上一个命令的执行。

五、图形的放弃和重做

标准工具栏上的放弃（或回退）按钮 （命令为 Undo，快捷键为 Ctrl + Z），可放弃以前所做的操作，单击该按钮右边的下拉按钮，可选择回退到任一步；重做按钮 （命令为 Redo），操作与之相反。

第四节　AutoCAD 2006 绘图环境与图幅设置

启动 AutoCAD 2006 时，如果没有出现"启动"对话框，或是出现"启动"对话框后没有选择任何选项，而直接单击"取消"按钮后进入到用户界面，将面临的是没有设置绘图环境，图幅也没有确定，故用户在绘制图形之前必须进行以下的绘图环境设置。

一、设置绘图单位

在设置绘图边界之前，应先进行绘图单位设置，该命令可用来改变绘图时的长度单位、角度单位、精度和角度方向等。

输入命令的方式：

➤ 单击菜单栏中的"格式"/"单位"命令

➤ 由键盘输入：Units ↙

可打开图 1-23 所示的"图形单位"对话框进行设置。单击"方向"按钮可打开"方向控制"对话框，如图 1-24 所示。

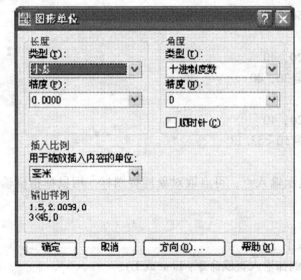

图 1-23　"图形单位"对话框　　　　图 1-24　"方向控制"对话框

二、设置绘图界限

绘图界限是标明用户的工作区域和图纸的边界，是一个矩形的区域，相当于用户在绘图时先要确定图幅的大小。设置绘图边界有利于打印时可按设置的图形界限来打印，同时也使一些图形显示命令有效，避免用户所绘制的图形超出边界。

输入命令的方式：

➤ 单击菜单栏中的"格式"/"图形界限"命令

➤ 由键盘输入：Limits ✓

命令行将出现系统提示：

重新设置模型空间界限：

指定左下角点或[开(ON)/关(OFF)] <0.0000, 0.0000>：

指定右上角点 <420.0000,297.0000>

若接受默认的左下角点为原点（0，0），回车即可，否则输入左下角点坐标，右上角点默认为（420，297）即 A3 图纸大小；若设置 A3 图纸，回车即可，否则可输入其他值，例如 A4 图纸，右上角应为 297，210。

☞ **注：**

此操作既可用鼠标单击命令行，从命令行输入左上角或右下角点的坐标值，也可用动态输入法在光标工具栏处输入坐标值，还可用鼠标在屏幕上直接单击屏幕点来输入该值。

三、用栅格命令显示出图幅范围

上述两步设置完成后，屏幕上看不到图幅范围，可用鼠标单击状态行上的"栅格"按钮或按 F7 键，在屏幕上将出现用栅格点圈出的图幅范围；再用矩形命令将该范围画出，即得图纸边界。

四、显示或缩放所设的图幅范围

上述用栅格显示出的图幅范围，默认位于左下角，只占居很小的区域，不利于绘制图形，如图 1-25 所示。

为了让绘图范围充满屏幕整个区域，一般要将图幅范围放大，在操作时可用屏幕缩放命令进行。具体的操作是：

图 1-25　用栅格显示出的图幅范围（屏幕缩放前）

在命令行输入 Zoom 命令（可用简称 Z命令），则出现下列提示：

ZOOM

指定窗口角点，输入比例因子（nX 或 nXP），或

[全部(A)/中心点(C)/动态(D)/范围(E)/上一个(P)/比例(S)/窗口(W)] <实时>：

在出现的提示中选择 A，按回车键确认，即可显示全图范围；选择 E，按回车键确认，可最大限度地显示全图范围；选择 W（窗口），按回车键确认，可用鼠标拖出一个窗口，按所拖窗口大小显示图幅范围。一般在初始操作时，用选择 A 来显示出全图范围，图 1-26 便是选择 A 后得到的图幅显示。

☞**注：**

在绘图过程中，初学者往往很容易将所绘制的图形弄丢了，遇到这种情况，可随时执行该命令，选择 A，按回车键找到所绘制的图形。此命令将显示出所有绘制的图形，不论是在图形界限内的图形还是绘制在图形界限外的图形，要想让所绘制的图形充满屏幕显示，应将图形绘制在图形界限内。

图 1-26　用栅格显示出的图幅范围（屏幕缩放后）

五、设置图层、线型、颜色、线宽等

1. 图层的概念

图层是计算机绘图软件共有的特性，在绘制工程图时，需要有多种线型、颜色等，若要进行分项管理，可充分利用图层的功能。图层相当于没有厚度的透明玻璃板（见图 1-27），可将实体按线型或颜色画在不同的板上，重叠在一起便形成图形。图层可以关闭（不显示出来），也可以冻结（不能修改），各图层可设置不同的颜色和线宽、线型等。

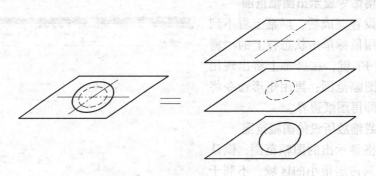

图 1-27　图层

2. 图层、线型、线宽、颜色等的设置

利用"图层特性管理器"可进行以上项目的设置。

打开"图层特性管理器"的方法有：

➤ 单击菜单栏中的"格式"/"图层"命令

➤ 单击"图层"工具栏上的"图层特性管理器"按钮（见图 1-28）。

➤ 由键盘输入：Layer ✓

打开"图层特性管理器"对话框，如图 1-29 所示。

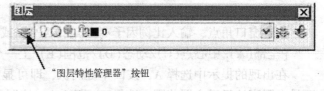

"图层特性管理器"按钮

图　1-28

（1）新建图层　单击"新建图层"按钮，可依次建立"图层 1"、"图层 2"、……等，

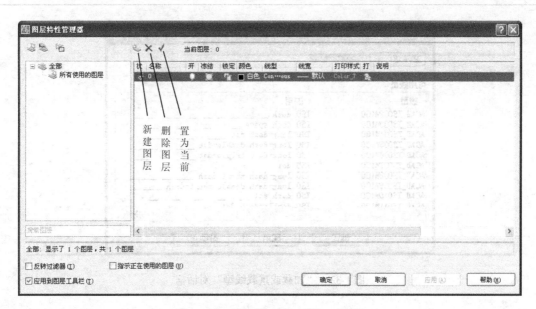

图 1-29　"图层特性管理器"对话框

并可为各图层取名。例如，设置"粗实线层"、"细实线层"、"点画线层"、"虚线层"等。

（2）删除图层　选中某图层，单击"删除图层"按钮，该图层名称即被打上删除记号，单击"应用"按钮即可删除。

（3）更改颜色　单击某图层中颜色（默认为白色），可打开"选择颜色"对话框，如图 1-30 所示，可为该图层选择颜色。例如，设置点画线层为 1 号红色，设置虚线层为 6 号品红色。

（4）更改线型　单击某图层中线型（默认为实线 continuous）可打开"选择线型"对话框，如图 1-31 所示。如果该对话框中有所需的线型，选中它，单击"确定"按钮，即完成设置；如若没有所需的线型，则单击"加载"按钮，弹出"加载或重载线型"对话框，如图 1-32 所示，在图 1-32 中选择所需的线型，单击"确定"按钮，返回图 1-31，再从图 1-31 中选中所需的线型，单击"确定"按钮，即完成设置。

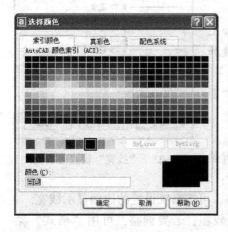

图 1-30　"选择颜色"对话框

图 1-31　"选择线型"对话框

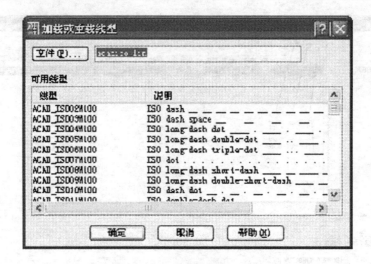

图 1-32 "加载或重载线型"对话框

☞ **注：**

工程制图中常用的线型主要有实线，虚线，点画线、双点画线等。AutoCAD 标准线型库中提供了约 45 种不同的线型，虚线或点画线都有多种长短不同、间隔不同的线型，只有适当搭配它们，在同一线型比例下，才能绘制出符合工程制图标准的图线。下面推荐几种常用的线型，供参考。

实线：　　　　Continuous

虚线：　　　　Dashed　　　（或：ACAD_ISO02W100）

点画线：　　　Center　　　（或：ACAD_ISO04W100）

双点画线：　　ACAD_ISO05W100

（5）更改线宽　单击图 1-29 中某图层的线宽（默认），可打开"线宽"设置对话框，为该层选择线宽，如图 1-33 所示，选择某值后，单击"确定"按钮即可。图 1-34 为设置完成后的几个图层。

☞ **注：**

如果单击某图层的"打印"图标，则会为该图层加上不打印记号，该层将不可打印。如图 1-34 中的虚线层被加上了不打印符号。

以上项目设置完成后，单击"确定"按钮，退出"图层特性管理器"对话框。

六、显示线宽设置

AutoCAD 提供了显示线宽的功能，但默认的系统配置是不显示线宽，若要显示出设置的线宽，应按下述操作进行：

图 1-33 "线宽"设置对话框

1）单击状态行上的"线宽"按钮（处于按下状态），可按系统设置的比例显示线宽。

2）系统配置的显示线宽比例通常较大，显示的线较粗，若要调整，可用"格式"菜单/"线宽"命令，打开图 1-35 所示的"线宽设置"对话框进行调整。

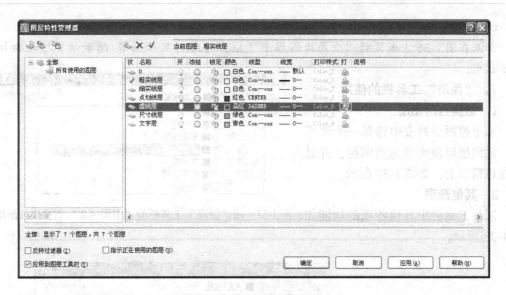

图 1-34　设置的几个常用图层

在图 1-35 中，选中"显示线宽"选项，拖动滑块可调整线宽比例。向右拖动，线宽渐粗，向左拖动，线宽渐细，拖至左边第一格处时（图示位置），显示的线宽将与用户所设置线宽一致，单击"确定"即可，其他选项可接受系统默认设置。

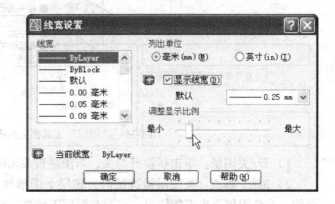

图 1-35　"线宽设置"对话框

七、设置线型比例

线型比例是控制虚线、点画线的间隔与线段的长短的，线型比例若不合适，会造成间隔过大或过小（使点画线或虚线看起来是实线），因此，可根据图幅大小选择合适的线型比例，一般是按经验选取。

用"格式"菜单/"线型"命令，打开图 1-36 所示的"线型管理器"对话框，修改"全局比例因子"框中的比例值，默认为1.0000，一般设定为 0.3 ～ 0.7 较合适，其值大小随图幅不同而不同，其他比例因子可不调整。

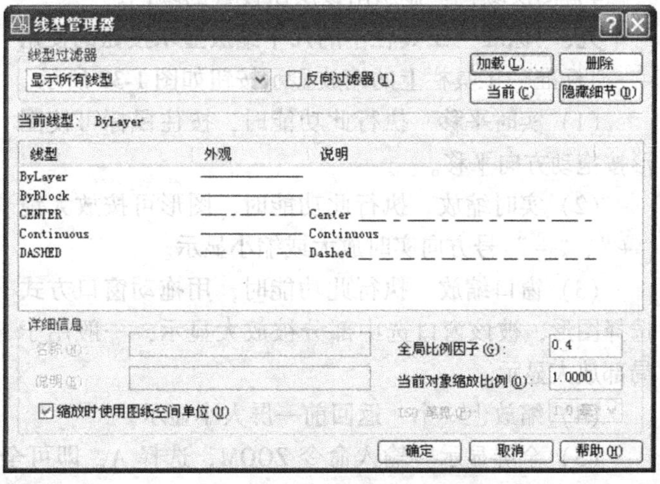

图 1-36　"线型管理器"对话框

☞ 注:

如果在图 1-36 中未见到"全局比例因子"框,可用"显示细节/隐藏细节"按钮切换显示出来。

八、"图层"工具栏的使用

1. 切换当前图层

从下拉图层列表中选择一个图层名,该图层即被设置为当前层,并显示在该窗口上,如图 1-37 所示。

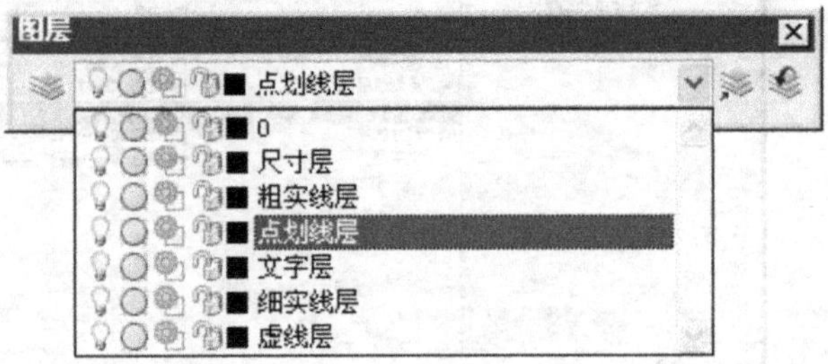

2. 其他选项

图层工具栏中其他各项的功能如图 1-38 所示。

图 1-37   用"图层"工具栏的"图层列表"切换当前图层

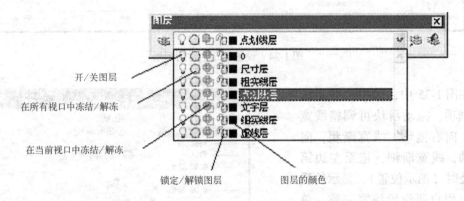

开/关图层

在所有视口中冻结/解冻

在当前视口中冻结/解冻

锁定/解锁图层

图层的颜色

图 1-38   "图层"工具栏上的图层列表功能

1) 开/关图层:单击切换开与关,当图层被关闭时,该图层上的图形被隐藏不可见。

2) 冻结/解冻:某图层被冻结时,该层上图形被冻结不可见,其执行速度比关闭图层要快,在绘图仪上也不能输出,但当前图层不能被冻结。

3) 锁定/解锁:锁定某图层时,该图层上的图形可见,可以绘图,但不可编辑。

4) 图层颜色:显示出该层所设置的颜色。

九、"标准"工具栏中的几个缩放显示按钮的使用

"标准"工具栏上的缩放显示按钮如图 1-39 所示。

(1) 实时平移   执行此功能时,按住鼠标可使图形按拖动方向平移。

(2) 实时缩放   执行此功能时,图形可按放大镜"+"、"-"号方向实时放大或缩小显示。

(3) 窗口缩放   执行此功能时,用拖动窗口方式选择图形,被该窗口选中部分被放大显示,一般用于局部放大显示。

(4) 缩放上一个   返回前一屏大小显示。

(5) 全屏显示   输入命令 ZOOM,选择 A,即可全屏显示整张图形(若图幅外无图形时,即充满绘图区显示绘图界限内的整张图,若图幅外有图形时,则包括图幅外的图形全部

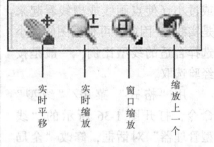

实时平移   实时缩放   窗口缩放   缩放上一个

图 1-39   "标准"工具栏中的几个缩放显示按钮

显示），选择 E，可最大限度地显示整张图形。

十、同一图层上采用不同的设置

在绘制机械图样时，为了便于管理，同一线型的图线一般画在同一层上。例如，画粗实线时，将"粗实线层"置为当前层，画出的图线均为粗实线；要画虚线时，将"虚线层"置为当前层，画出的图线均是虚线。当需要将有些线型隐藏时，只需将该线型所在的图层关闭即可。若要某种线型不被修改，只需将该种线型所在的图层锁定，必要时再打开或解锁。此种情况下，"对象特性"工具栏上的颜色、线型、线宽等均为"ByLayer"（随层），如图1-40 所示。

图 1-40　"对象特性"工具栏一般显示为"随层"

在有些情况下，需要在同一图层上画出不同的颜色或线型的图线。例如，需要将某个零件的全部图形画在一个图层上，以控制该零件在装配图中的显示与否，这时，可采用在同一图层上画上不同颜色或线型的图线的画法，但这时，图层的线型或颜色、粗细等均不再随层变化。同一图层上选择不同的颜色、线型、线宽的方法是分别从"颜色控制"、"线型控制"、"线宽控制"下拉列表中选择不同的颜色、线型、线宽等，如图1-41 所示，然后再画出图形。

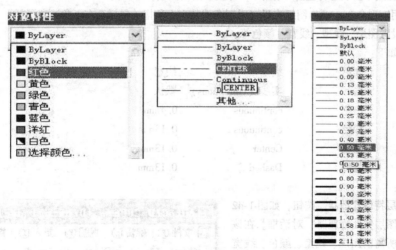

图 1-41　选择不同的颜色、线型、线宽等

思考与上机练习

复习与思考

1. 简述设置一张图幅界限为 $420\text{mm} \times 297\text{mm}$（A3 图纸）的操作步骤。

2. 在绘制图形时，如果发现某一图形没有绘制在预先设置的图层上，应如何纠正？

3. 如果一个实体的线型不合要求，应怎样进行纠正？有哪几种方法？

4. 如果某种线型的比例不合适，如虚线的间距太长，或线段太长，应如何调整？

5. 线宽设定之后，可能没有显示出来，应如何显示出线宽？又怎样保证按用户所设定的线宽显示？

6. 在同一图层上一般设置出一种线型，一种颜色，但有时需要在同一图层上显示出不同的线型或颜色，用什么方法才能实现？

7. 启动 AutoCAD 程序时，一般都可显示出"启动"对话框，但如果由于某种原因启动时没有显示出该对话框，应怎样将其调出来？

8. 在绘图操作的过程中，屏幕上常常放置几个常用的工具栏，这几种常用的工具栏是哪几种？怎样将其调出或隐藏？

9. 图层特性最常用的是哪几项？如何设置？

10. 在 AutoCAD 中，大部分命令都可用工具栏中的图标按钮表示，用时打开某工具栏，不用时又可以藏起来，请简述打开"对象捕捉"工具栏的操作步骤。

上机练习

练习1 启动 AutoCAD 程序。

练习2 设置绘图单位为毫米。

操作提示：

用"格式"菜单/"单位"命令。

练习3 设置一张 A3 图纸（420mm×297mm），横放。

操作提示：

1）用"格式"菜单/"图形界限"命令，或从命令行输入命令 Limits，按提示输入左下角点（0，0）、右上角点（420，297）。

2）执行 Zoom 命令，选择 A（All）或 E，显示全图。

3）按 F7 键或单击状态行上的"栅格"，可显示图幅区域。

练习4 用矩形命令 ▭ 画出图纸边界（沿对角线从左上角拖动鼠标至右下角）。

练习5 设置图层、线型、线宽、颜色等。

设置要求如下：

层名	颜色	线型	线宽
0	白	实线（continuous）	默认
粗实线	白色	continuous	0.4mm
细实线	绿色	continuous	0.13mm
点画线	红色	Center	0.13mm
虚线	品红	Dashed	0.13mm

操作提示：

单击"图层特性管理器"按钮，如图 1-42 所示，打开"图层特性管理器"对话框。在该对话框中设置所需的图层、线型、颜色、线宽等，设置完成后，单击"确定"按钮，关闭该对话框。

图 1-42 "图层特性管理器"按钮

练习6 设置线型比例、线宽比例等。

提示：参照图 1-36 调整线型比例（全局比例因子设为 0.3），参照图 1-35 调整线宽比例。

练习7 将"粗实线层"设置为当前层，单击"直线"命令图标 ✐ ，用绝对坐标、相对坐标、极坐标输入方法（或动态输入法）画出图 1-43 所示图形（不标注尺寸）。

练习8 抄画图 1-44 所示的图形。

练习9　将图 1-44 所示图形文件取名存于 D 盘上，文件名为"第一次上机练习图形. dwg"。

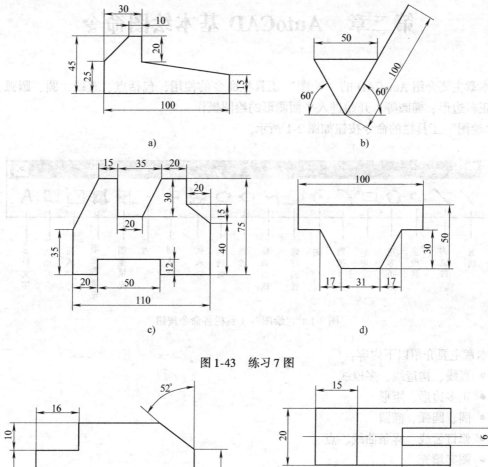

图 1-43　练习 7 图

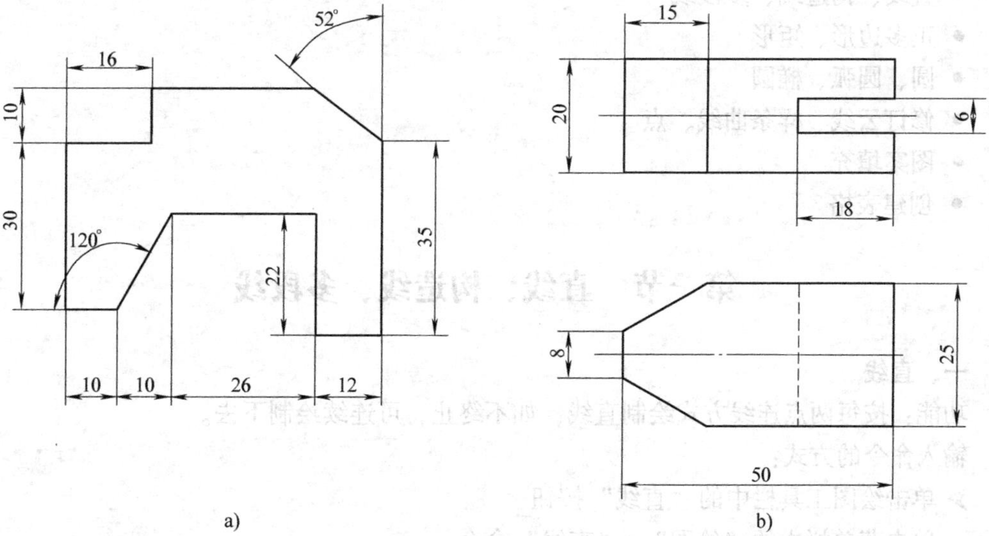

图 1-44　练习 8 图

第二章 AutoCAD 基本绘图命令

本章主要介绍 AutoCAD 的"绘图"工具栏命令的使用，包括点、直线、圆、圆弧、矩形、正多边形、椭圆等。开始进入平面图形的绘图操作。

"绘图"工具栏的命令按钮如图 2-1 所示。

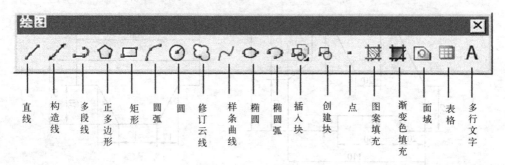

图 2-1 "绘图"工具栏各命令按钮

本章主要介绍以下内容：
- 直线、构造线、多段线
- 正多边形、矩形
- 圆、圆弧、椭圆
- 修订云线、样条曲线、点
- 图案填充
- 创建表格

第一节 直线、构造线、多段线

一、直线

功能：按每两点连线方式绘制直线，如不终止，可连续绘制下去。

输入命令的方式：

➤ 单击绘图工具栏中的"直线"按钮 ∕

➤ 单击菜单栏中的"绘图"/"直线"命令

➤ 由键盘输入：Line（或 L）↙

操作提示：

1) 输入第 1 点，下一点……，U 为回退，C 为封闭。

2) 单击状态行上的"正交"按钮（或按 F8 键），只能画正交线。

例 2-1 用直线命令绘制如图 2-2 所示的图形。

方法 1：用动态输入法绘制（"DYN"按钮处于按下状态）

执行"直线"命令，用鼠标点取任意点作为第 1 点 A，将"极轴"按钮开启（按下状态），向上拖动鼠标出现极轴线时输入 25（见图 2-3a），按回车键得到 B 点（见图 2-3b）；向右上方拖动鼠标，出现图 2-3b 提示时输入（@20，20），如图 2-3c 所示，按回车键得到 C 点；再向右拖动鼠标，输入 10，如图 2-3d 所示，按回车键得到 D 点；向下拖动鼠标，输入 20 按回车键得到 E 点；再向右下方拖动鼠标，输入（@70，−10）如图 2-3e，按回车键得到

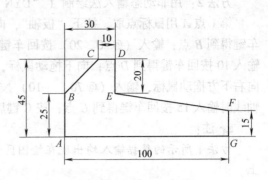

图 2-2 用直线命令绘制图形

F 点；向下拖动鼠标，输入 15 按回车键得到 G 点，向左拖动鼠标，捕捉到 A 点，如图 2-3f 所示，单击该点完成图 2-2 所示的图形，再单击右键结束画线。

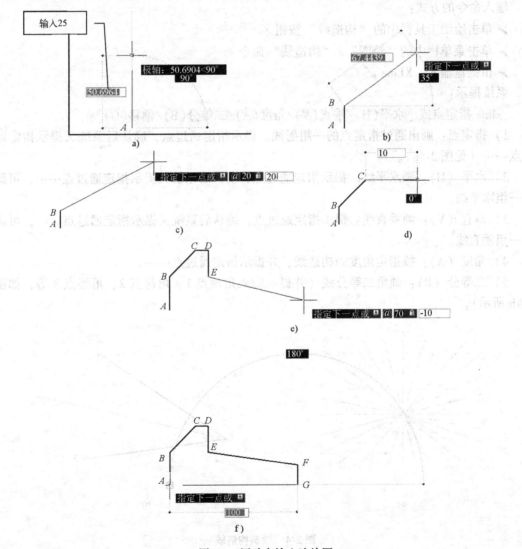

图 2-3 用动态输入法绘图

方法2：用非动态输入法绘制（"DYN"按钮弹起）

第1点 A 用鼠标点取，按下"极轴"，向上拖动鼠标，出现垂直极轴线时输入25，按回车键得到 B 点；输入（@20，20）按回车键得到 C 点；向右拖动鼠标，出现水平极轴线时输入10 按回车键得到 D 点；向下拖动鼠标，出现垂直极轴线时输入20 按回车键得到 E 点；向右下方拖动鼠标，输入（@70，-10）按回车键得到 F 点；向下拖动鼠标，出现垂直极轴线时输入15 按回车键得到 G 点；按 C 键后再按回车键，封闭图形。

☞ **注：**

方法1所示的数据输入均出现在绘图区域中，而方法2所示的数据输入均出现在命令行上。

二、构造线（无限长线）

功能：用于在工程图中画图架线、辅助线、射线等，可按指定的方式和距离画一条或多条无限长直线。

输入命令的方式：

➤ 单击绘图工具栏中的"构造线"按钮 ∕

➤ 单击菜单栏中的"绘图"∕"构造线"命令

➤ 由键盘输入：XLine ↙

系统提示：

_xline 指定点或 [水平(H)/垂直(V)/角度(A)/二等分(B)/偏移(O)]：

1）指定点：画出通过指定点的一组射线。提示指定通过点，确认后系统又提示指定通过点……（见图2-4a）。

2）水平（H）：画水平线。提示指定通过点，确认后系统又提示指定通过点……，可画出一组水平线。

3）垂直（V）：画垂直线：提示指定通过点，确认后系统又提示指定通过点……，可画出一组垂直线。

4）角度（A）：按指定角度画构造线，并提示指定通过点……。

5）二等分（B）：画角二等分线（并提示输入角顶点1、角起点2、角终点3等，如图2-4b 所示）。

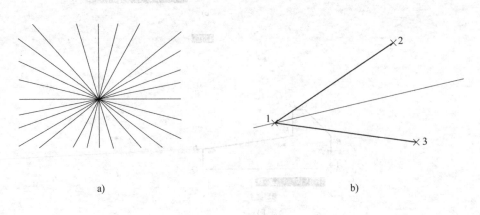

a)   b)

图2-4　绘制构造线

a）通过指定点的一组射线（无限长）　　b）用二等分（B）画角平分线（无限长）

6）偏移（O）：同偏移命令（见第三章）。

三、多段线（复合线）

功能：多段线可由直线和弧线组成，可改变宽度画成等宽或不等宽的线，由一次命令画成的直线或弧线是一个整体。

输入命令的方式：

> 单击绘图工具栏中的"多段线"按钮⊸
> 单击菜单栏中的"绘图"／"多段线"命令
> 由键盘输入：Pline ↙

系统提示：

指定起点：

当前线宽为 0.0000

指定下一个点或[圆弧(A)/半宽(H)/长度(L)/放弃(U)/宽度(W)]：

连续指定下一个点，可画多条直线。

圆弧（A）：可由直线状态转为画圆弧。选择 A，按回车键后，系统继续提示为：

指定圆弧的端点或：

[角度(A)/圆心(CE)/闭合(CL)/方向(D)/半宽(H)/直线(L)/半径(R)/第二个点(S)/放弃(U)/宽度(W)]：

按角度（A）指定角度画弧；按指定圆心（CE）方式画弧等；按长度（L）可重新转为画直线。

宽度（W）或半宽（H）：按指定线的宽度和半宽度画线。例如：

指定下一个点或[圆弧(A)/半宽(H)/直线(L)/放弃(U)宽度(W)]：　W

指定起点宽度＜0.0000＞：　5

指定端点宽度＜5.0000＞：　5

指定下一个点或[圆弧(A)/闭合(C)/半宽(H)/直线(L)/放弃(U)/宽度(W)]：

☞ 注：

当起点宽度与终点宽度相同时，可画出指定宽度的等宽线；当起点宽度与终点宽度不同时，可画出锥度线或宽度变化的线；当某宽度为零时，可画出尖点，如图 2-5 所示。

闭合（C）／：该选项自动将多段线闭合，并结束命令。

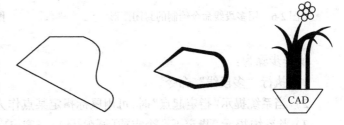

图 2-5　用多段线命令绘制的等宽线和锥度线
（其中，花用"绘图"／"圆环"命令绘制）

例 2-2　用多段线命令绘制图 2-6 所示的图形。

操作步骤为：

1）执行"多段线"命令。

2）当系统提示"指定起点："时，可用鼠标指定某点作为起始点（如图 2-6 中 A 点）。

3）当系统提示"指定下一个点或[圆弧(A)/半宽(H)/长度(L)/放弃(U)/宽度(W)]："

时，键盘输入 W，再按回车键。

4）当系统提示"指定起点宽度＜0.0000＞"时，输入起点线宽 0.4，按回车键。

5）当系统提示"指定终点宽度＜0.4000＞"时，输入终点线宽 0.4，按回车键。

6）拖动鼠标画出 B 点，得 AB 等宽的直线段。

7）当系统提示"指定下一个点或［圆弧（A）/半宽（H）/长度（L）/放弃（U）/宽度（W）]："时，输入 A，按回车键（将转为画圆弧）。

8）当系统提示："指定圆弧的端点或［角度（A）/圆心（CE）/闭合（CL）/方向（D）/半宽（H）/直线（L）/半径（R）/第二个点（S）/放弃（U）/宽度（W）]："时，拖动鼠标画出 C 点，得到圆弧 BC 段。

9）当系统提示："指定圆弧的端点或［角度（A）/圆心（CE）/闭合（CL）/方向（D）/半宽（H）/直线（L）/半径（R）/第二个点（S）/放弃（U）/宽度（W）]："时，输入 L，按回车键（将圆弧再转为画直线）。

10）当系统提示："指定下一点或［圆弧（A）/闭合（C）/半宽（H）/长度（L）/放弃（U）/宽度（W）]："时，拖动鼠标指定 D 点画出 CD 段直线。

11）当系统提示："指定下一点或［圆弧（A）/闭合（C）/半宽（H）/长度（L）/放弃（U）/宽度（W）]："时，输入 C，按回车键，将图形封闭到 A 点，得到图 2-6 所示的图形。

例 2-3　用多段线命令绘制图 2-7 所示的箭头。

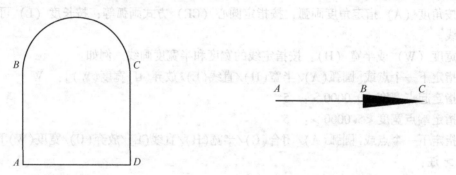

图 2-6　用多段线命令绘制的封闭图形　　　　图 2-7　用多段线命令绘制箭头

操作步骤为：

1）执行"多段线"命令。

2）当系统提示"指定起点"时，可用鼠标指定某点作为起始点（见图 2-7 中 A 点）。

3）当系统提示"指定下一个点或[圆弧（A）/半宽（H）/长度（L）/放弃（U）/宽度（W）]："时，键盘输入"W"，再按回车键。

4）当系统提示"指定起点宽度＜0.0000＞"时，输入起点线宽 0.5，按回车键。

5）当系统提示"指定终点宽度＜0.5000＞"时，输入终点线宽 0.5，按回车键。

6）拖动鼠标画出 B 点，得 AB 等宽的直线段。

7）当系统提示"指定下一个点或[圆弧（A）/半宽（H）/长度（L）/放弃（U）/宽度（W）]："时，键盘输入"W"，再按回车键。

8）当系统提示"指定起点宽度＜0.5000＞"时，输入箭头起点线宽 4，按回车键。

9）当系统提示"指定终点宽度 <4.0000 >"时，输入箭头终点线宽 0，按回车键。

10）拖动鼠标画出 C 点，按回车键或右键结束画线。

第二节 正多边形、矩形

一、正多边形

功能：可绘制三边形以上的正多边形。

输入命令的方式：

➢ 单击绘图工具栏中的"正多边形"按钮 ⬠

➢ 单击菜单栏中的"绘图"／"正多边形"命令

➢ 由键盘输入：Polygon ↙

系统提示：

_polygon 输入边的数目 <3 >：　　输入多边形的边数

指定正多边形的中心点或边[边(E)]：　　指定中心点或按 E 键（按边长方式画多边形）

输入选项[内接于圆(I)/外切于圆(C)] <I >：　　内接圆方式按 I 键，外切圆方式按 C 键

指定圆的半径：　　输入半径值

例如：用三种方式画出的正六边形如图 2-8 所示。

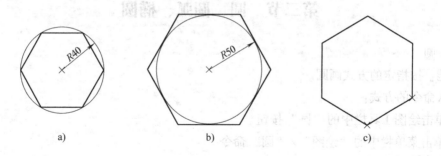

图 2-8 按三种方式画正六边形

a)内接圆方式 b)外切圆方式 c)指定边长

二、矩形

功能：指定两对角点画矩形，可画出指定线宽的矩形、圆角矩形、倒角矩形等。

输入命令的方式：

➢ 单击绘图工具栏中的"矩形"按钮 ▭

➢ 单击菜单栏中的"绘图"／"矩形"命令

➢ 由键盘输入：Rectang ↙

系统提示：

指定第一个角点或[倒角(C)／标高(E)／圆角(F)／厚度(T)／宽度(W)]：

指定另一个角点或[面积(A)／尺寸(D)／旋转(R)]：

1）指定第一个角点，指定第二个角点。可用鼠标沿对角线拖动画出两对角点，或用动态输入法输入两个对角点之间的相对坐标（即直接输入矩形的长度和宽度）画出两点，如

图2-9a所示。

2）倒角（C）：指定倒角大小，画出带倒角的矩形，如图2-9b所示。

3）圆角（F）：指定圆角大小，画出带圆角的矩形，如图2-9c所示。

4）宽度（W）：指定线宽度，画出带一定线宽度的矩形，如图2-9d所示。

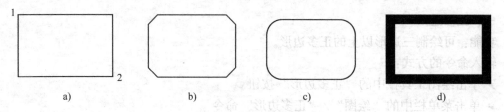

图 2-9 四种方式画矩形

a）指定两对角点 b）倒角（C） c）圆角（F） d）宽度（W）

5）标高（E）、厚度（T）用于三维图形的绘制（此处略）。

6）面积（A）：用指定矩形面积的方式画矩形，此时需要进一步指定矩形面积大小以及矩形的长度（或宽度）等。

7）旋转（R）：按指定的旋转角度绘制矩形。

第三节　圆、圆弧、椭圆

一、圆

功能：按指定的方式画圆。

输入命令的方式：

➤ 单击绘图工具栏中的"圆"按钮 ⊙

➤ 单击菜单栏中的"绘图"／"圆"命令

➤ 由键盘输入：Cricle ↙

AutoCAD 提供了 6 种画圆方式：

1）指定圆心、半径（默认方式）。

2）指定圆心、直径（D）。

3）指定圆上两点（2P）（该两点间距离即为直径）。

4）指定圆上三点（3P）。

5）切点、切点、半径（T）（即指定两个切点及半径）。

6）相切、相切、相切（即指定三个切点目标，画公切圆，该条命令须用菜单命令输入）。

系统提示：

_Circle 指定圆的圆心或［三点(3P)/两点(2P)/相切、相切、半径(T)］：

例 2-4　画一个公切圆与一个圆和一条直线相切。

在上条提示中输入 T，回车。

指定对象与圆的第一个切点：　选取点 1

指定对象与圆的第二个切点：　～～选取点 2～～

指定圆的半径 <20>：　～～输入半径大小～～

结果如图 2-10 所示。

例 2-5　画一个圆，与圆 *A*、圆 *B*、圆 *C* 公切。

从下拉菜单中输入命令：

"绘图" / "圆" / "相切、相切、相切"，如图 2-11 所示。

分别拾取 *A*、*B*、*C* 三个圆上一点即完成，如图 2-12 所示。

☞ 注：

与三个实体相切的公切圆，其大小和形状与拾取点 1、2、3 的位置有关。

例 2-6　用 "圆" 命令绘制三角形 *ABC* 的内切圆。

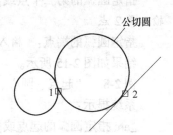

图 2-10　用切点、切点、
半径（T）方式画圆

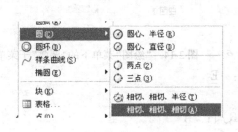

图 2-11　圆命令

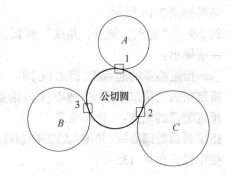

图 2-12　用相切、相切、相切方式画公切圆

其操作步骤如下：

1）选择下拉菜单 "绘图" / "圆" / "相切、相切、相切" 命令，如图 2-11 所示。

2）按提示顺序捕捉 *AB*、*BC*、*CA* 直线上任意一点，系统自动得到图 2-13 所示的内切圆。

二、圆弧

功能：按指定的方式画圆弧。

输入命令的方式：

➢ 单击绘图工具栏中的 "圆弧" 按钮 ⌒

➢ 单击菜单栏中的 "绘图" / "圆弧" 命令

➢ 由键盘输入：Arc ↙

AutoCAD 提供了多种方式画圆弧（见图 2-14）。

例 2-7　"三点" 画弧（默认方式），指定不在一直线上的三点即可画出圆弧。

系统提示：

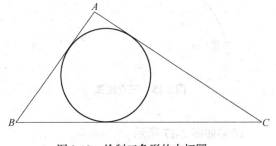

图 2-13　绘制三角形的内切圆

_arc 指定圆弧的起点或[圆心(C)]： 输入第 1 点
指定圆弧的第二个点或[圆心(C)/端点(E)]：
输入第 2 点
　指定圆弧的端点： 输入第 3 点
　结果如图 2-15 所示。
　例 2-8　"起点、圆心、端点"画弧。
　系统提示：
_arc 指定圆弧的起点或[圆心(C)]： 输入起点
指定圆弧的第二个点或[圆心(C)/端点(E)]： C
　指定圆弧的圆心： 输入圆心
　指定圆弧的端点或[角度(A)/弦长(L)]： 输入
终点
　结果如图 2-16 所示。
　例 2-9　"起点、端点、角度"画弧。
　系统提示：
_arc 指定圆弧的起点或[圆心(C)]： 输入起点
指定圆弧的第二个点或[圆心(C)/端点(E)]： E
指定圆弧的端点： 输入端点
指定圆弧的圆心或[角度(A)方向(D)/半径(R)]： A
指定包含角： 135

图 2-14　"绘图"菜单下的"圆弧"子菜单

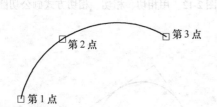

图 2-15　三点画弧

图 2-16　起点、圆心、端点画弧

结果如图 2-17 所示。
三、椭圆
功能：按指定方式画椭圆，并可取其一部分画成椭圆弧。
输入命令的方式：
➢ 单击绘图工具栏中的"椭圆"按钮 ○
➢ 单击菜单栏中的"绘图"/"椭圆"命令
➢ 由键盘输入：Ellipse ↙

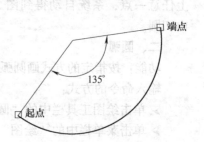

图 2-17　起点、端点、角度画弧

AutoCAD 提供了三种画椭圆的方式：
1）指定椭圆某轴的两端点及另一半轴长画椭圆（默认方式）。

2）按长轴及旋转角度画椭圆。

3）给出圆心及两轴的半长画椭圆。

画椭圆弧：按选项 A，先画出一个椭圆，然后再输入椭圆弧第一点的角度，第二点的角度。

例 2-10 指定椭圆某轴的两端点及另一半轴长画椭圆（见图 2-18）。

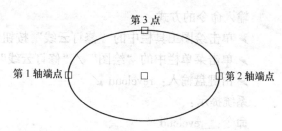

图 2-18　指定椭圆两端点及另一半轴长画椭圆

系统提示：

命令：_ellipse

指定椭圆的轴端点或［圆弧（A）/中心点（C）］：　输入第一点

指定轴的另一个端点：　输入第二点

指定另一条半轴长度或［旋转（R）］：　给出长度或输入第三点

☞ 注：

如果输入第三点，系统会将圆心到第三点的距离作为另一半轴长计入。

例 2-11 按长轴及旋转角度画椭圆（见图 2-19）。

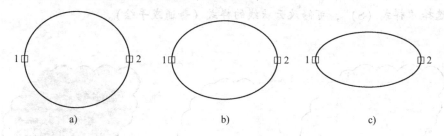

图 2-19　按长轴及旋转角度画椭圆

a）旋转角度 30°　b）旋转角度 45°　c）旋转角度 60°

系统提示：

命令：_ellipse

指定椭圆的轴端点或［圆弧（A）/中心点（C）］：

输入第 1 点

指定轴的另一个端点：　输入第 2 点

指定另一条半轴长度或［旋转（R）］：　R

指定绕长轴旋转的角度：　45

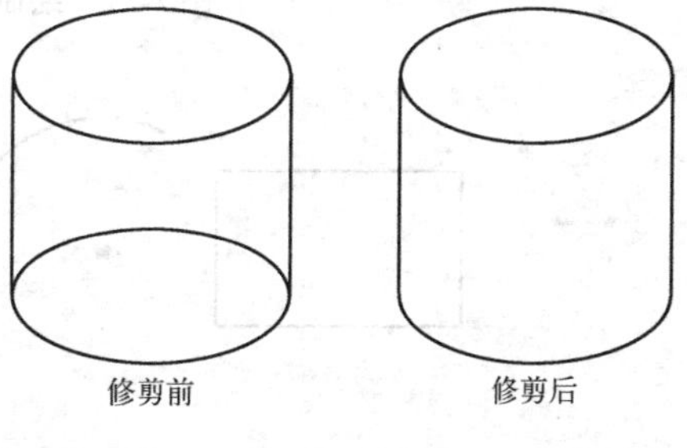

修剪前　　　修剪后

图 2-20　用两个椭圆和两条直线组成的图形

例 2-12 绘制图 2-20 所示的图形。椭圆长轴两端点间距为 50mm，旋转角度 60°，上、下两椭圆相距 40mm。

此例题留给读者思考后自行完成，此处解答略。

第四节　修订云线、样条曲线、点

一、修订云线

功能：手动绘制封闭或不封闭的云状线，或将其他线（直线或曲线）转换为云状线。

输入命令的方式：

➤ 单击绘图工具栏中的"修订云线"按钮 ❑

➤ 单击菜单栏中的"绘图"／"修订云线"命令

➤ 由键盘输入：revcloud ↙

系统提示：

命令：_revcloud

最小弧长：15　最大弧长：15　样式：普通

指定起点或 [弧长(A)/对象(O)/样式(S)] ＜对象＞：

沿云线路径引导十字光标……

修订云线完成。

☞ 注：

1）指定起点，拖动鼠标，可按拖动的路径画出云状线，当拖动回到起点时，可将云状线封闭，如不回到起点，则云状线不封闭，如图 2-21 所示。

2）选择"弧长（A）"，可修改云状线的圆弧大小。

3）选择"对象（O）"，可将已有的曲线或直线转换为云状线，如图 2-22 所示。

4）选择"样式（S)"，可修改云状线的样式（普通或手绘）。

图 2-21　绘制封闭或不封闭的或填充后的云状线

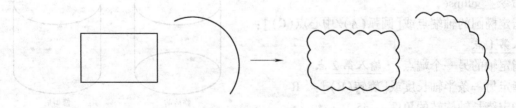

图 2-22　将已有曲线或直线转换为云状线

二、样条曲线

功能：样条曲线是按数学模型由一系列给定点控制（点点通过或逼近）的光滑曲线，它可以由起点、终点、控制点及偏差来控制曲线，至少有三点才能确定一样条曲线，用于表达机械图中的波浪线，如图 2-23 所示。

输入命令的方式：

➤ 单击绘图工具栏中的"样条曲线"按钮 ～

图 2-23　样条曲线

➢ 单击菜单栏中的"绘图"／"样条曲线"命令

➢ 由键盘输入：Spline ✓

系统提示：

命令：_spline

指定第一个点或［对象(O)］：

指定下一点：

指定下一点或［闭合(C)/拟合公差(F)］＜起点切向＞：

指定下一点或［闭合(C)/拟合公差(F)］＜起点切向＞：

指定下一点或［闭合(C)/拟合公差(F)］＜起点切向＞：

按提示给出各点即可画出样条曲线。拟合公差（F）是指样条曲线与指定拟合点之间的接近程度，拟合公差越小，样条曲线与拟合点越接近，拟合公差为 0，样条曲线将通过拟合点；起点切向是指曲线在起点的切线走向；闭合（C）将封闭样条曲线。

☞ **注**：

选择命令提示中的"对象（O）"，可将已知的线段拟合为样条曲线。

例 2-13　用样条曲线 *ABCDE* 封闭图 2-24 所示的图形。

操作步骤如下：

1）执行"样条曲线"命令。

2）当系统提示"指定第一点"时，用鼠标捕捉到 *A* 点。

3）当系统提示"指定下一点"时，顺序捕捉到 *B*、*C*、*D*、*E* 等点，结束命令。

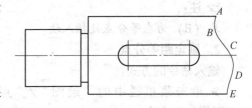

图 2-24　用样条曲线封闭图形区域

三、点

功能：可按设定的点样式在指定位置画点，或画定数等分点或定距等分点。在同一图形中，只能有一种点样式，当改变点样式时，该图形文件中所画的所有点将随之改变。无论一次画出多少个点，每一个点都是一个独立的实体。

1．点样式设置

输入命令：

➢ 单击菜单栏中的"格式"／"点样式"命令，弹出"点样式"对话框，如图 2-25 所示。在该对话框中，可设置点样式的类型、大小等，单击"确定"按钮完成设置。

2．画指定点

输入命令的方式：

➢ 单击绘图工具栏中的"点"按钮 ·

➢ 单击菜单栏中的"绘图"／"点"／"单点"（或"多点"）命令

➢ 由键盘输入：Point ✓

系统提示：

指定点：

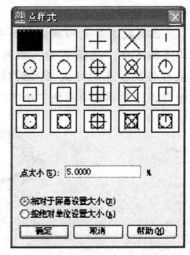

图 2-25　"点样式"对话框

☞注：

"单点"命令一次只能画一个点，"多点"命令可画多个点。

四、等分点

"等分点"命令是指将直线或曲线按所需要的数目或距离等分，或者将图块按等距或等数插入到直线或曲线上。

1. 画定数等分点

输入命令的方式：

➢ 单击菜单栏中的"绘图"／"点"／"定数等分"命令

➢ 由键盘输入：divide ✓

系统提示：

命令：_divide

选择要定数等分的对象： 选择直线或圆弧

输入线段数目或 [块（B）]： 6

结果如图 2-26 所示。

☞注：

块（B）为在等分点处插入块。

2. 画定距等分点

输入命令的方式：

➢ 单击菜单栏中的"绘图"／"点"／"定距等分"命令

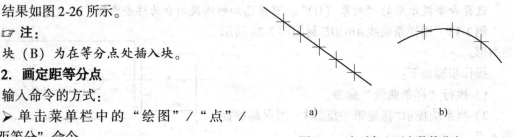
a)　　　　　　　　　　　　b)

图 2-26　在对象上画定数等分点
a) 6 等分　b) 4 等分

➢ 由键盘输入：Measure ✓

系统提示：

命令：_measure

选择要定距等分的对象： 选择图中直线

指定线段长度或 [块（B）]： 20

结果如图 2-27 所示。

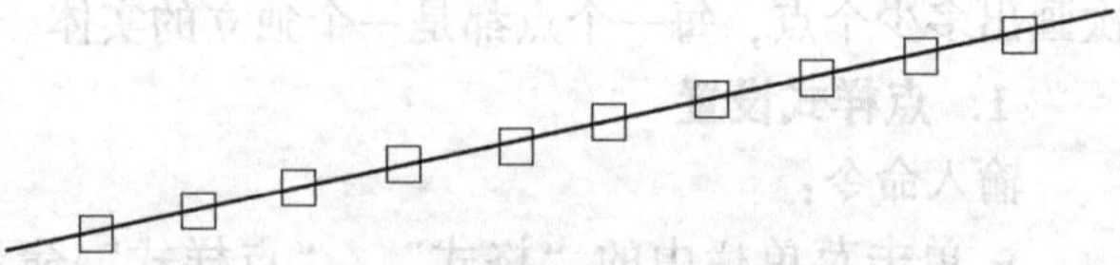

☞注：

画定数等分点和画定距等分点时均可插入块，选择 B 后，输入块名，便可将块按点的方式插入到对象上。

图 2-27　在对象上画定距等分点（定距20）

如图 2-28 所示为将图块"珍珠"按定距等分插入的实例（块的定义见第六章）。

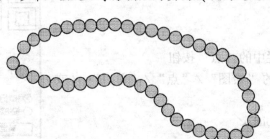

图 2-28　将"珍珠"图块按定距等分点的方式插入到曲线上

第五节　图　案　填　充

在机械、建筑等各行业图样中，常常需要绘制剖视图或剖面图，在这些剖视图中，为了区分不同的零件剖面，常常需要对剖面进行图案填充。AutoCAD 的图案填充功能是把各种类型的图案填充到指定区域中，用户可以自定义图案的类型，也可以修改已定义的图案特征。

图案填充的方法一般有两种：一是用图案填充命令"BHATCH"，二是用鼠标将工具选项板中的图案拖拽到填充区域中。

一、图案填充命令"BHATCH"

功能：将选中的图案填充到指定的区域中。使用该命令时，区域的边界封闭或不封闭均可。

输入命令的方式：

➤ 单击绘图工具栏中的"图案填充"按钮

➤ 单击菜单栏中的"绘图"／"图案填充"命令

➤ 由键盘输入：Bhatch ✓

打开"图案填充和渐变色"对话框，如图 2-29 所示。

图 2-29　"图案填充和渐变色"对话框的"图案填充"选项卡

1. "图案填充"选项卡

• 类型和图案

(1) 类型（Y）　下拉列表中有"预定义、用户定义、自定义"三个选项。

1）预定义：是指从 AutoCAD 的 acad. pat 文件中选择一种图案进行填充，是常用的方法。

2）用户定义：该项允许用户用当前线型通过指定间距和角度自定义一个简单的图案。

3）自定义：该项允许用户从其他的"．pat"文件中指定一种图案。

（2）图案（P） 下拉列表中有预定义的几十种工程图中常用的剖面图案，如图 2-30 所示。

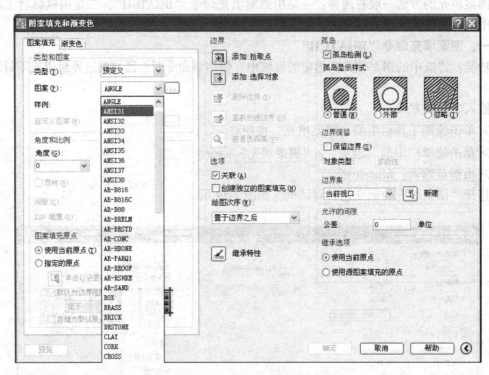

图 2-30　从图案下拉列表中选择图案

1）样例：显示所选图案的预览图形。

2）自定义图案（M）：显示用户自定义的图案。

● 角度和比例

（1）角度（G） 可输入填充图案与水平方向的夹角。

（2）比例（S） 用于控制平行线间的间距，比值越大，图线间距越大。

（3）间距（C） 用于"用户自定义"类型时，设置平行线间的距离。

（4）ISO 笔宽（O） 当使用图案中的 ISO 图案时，设置平行线间的距离。

例如，机械图样中常用的金属材料所用的剖面线为 ANSI31，非金属材料所用的剖面线为 ANSI37。选择图案类型后，根据需要再改变角度或比例（间距大小）。金属材料默认的角度是 0（即 45°），如要绘制与 0 相反的剖面线，可将角度设为 90（即 − 45°），比例越大，线条间的间距越大（默认为 1），如图 2-31 所示。

● 图案填充原点

（1）使用当前原点（T） 即使用当前 UCS 的原点作为图案填充的原点（默认）。

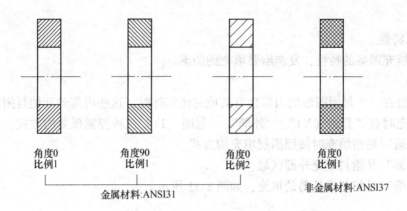

图 2-31　金属材料与非金属材料的填充图案示例

（2）指定的原点　选中此项时，用户可单击"单击以设置新原点"按钮，到绘图区中选择一点作为图案填充的原点。

1）默认为边界范围（X）　以填充边界的左下角、右下角、左上角、右上角点或圆心作为填充图案的原点。

2）存储为默认原点（F）　将指定点存储为默认的图案填充原点。

● 边界

（1）"添加：拾取点"　单击此按钮后，将返回绘图区在某封闭的填充区域中指定一点，单击右键或回车确认后，再返回图 2-29 所示的对话框，单击"确定"按钮完成图案填充。

（2）"添加：选择对象"　单击此按钮后，将返回绘图区选择指定的对象作为填充的边界。用此按钮选择的填充边界可以是封闭的，也可以是不封闭的，用该按钮时，系统不检测内部对象（即忽略内部孤岛），必须手动选择内部对象，以确保正确填充，图 2-32a 为手动选择了外部边界和内部的圆的填充结果。如果不选择内部对象，则将对指定对象内部全部填充，图 2-32b 为只选了外部边界而没有选择内部的圆的填充结果。

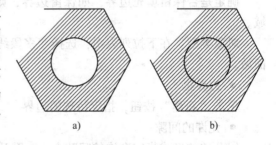

图 2-32　用"选择对象"按钮填充的非封闭区域

（3）删除边界（D）　可用于删除已选中的边界。

（4）重新创建边界（R）　重新创建填充图案的边界。

（5）查看选择集（V）　亮显图中已选中的边界集。

● 选项

（1）关联（A）　当同时对几个实体边界进行图案填充时，选中此项时，所填充的图案相互关联。

（2）创建独立的图案填充（H）　选中此项时，所同时填充的图案间相互无关。

（3）绘图次序（W）　可以在图案填充之前给它指定绘图顺序。从下拉列表中可选择的项有：不指定、后置、前置、置于边界之后、置于边界之前等。如将图案填充置于边界之后可以更容易地选择图案填充边界，也可以在创建图案填充之后，根据需要更改它的绘图顺序。

- 继承特性

将已有填充图案的特性，复制给要填充的图案。

- 孤岛

孤岛是指在一个封闭图形的内部含有其他封闭实体时，这些内部的其他封闭实体称为孤岛。图案填充时有"普通（N)"、"外部"、"忽略（I)"三种控制孤岛的方式。

1)"普通"是指填充时按照隔层填充的方式。

2)"外部"是指只填充外部区域。

3)"忽略"是指忽略孤岛的填充，如图 2-33 所示。

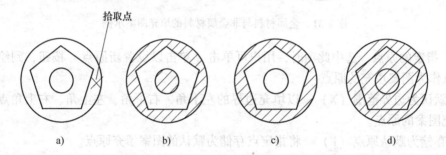

图 2-33　"孤岛检测区"自动检测填充示例

a）拾取位置　b）"普通"（隔层填充）　c）"外部"（填充外层）　d）"忽略"（填充全部）

- 边界保留

确定是否保留填充边界，如保留边界，则可将封闭的边界图线自动转化为多段线或面域。

对象类型：在下拉列表中，选择"多段线"或"面域"，将选定的边界转换为多段线或面域。

- 边界集

单击"新建"按钮，指定待选的边界。

- 允许的间隙

以公差的形式指定允许的间隙大小，默认值为 0，这时填充边界是完全封闭的区域。

- 继承选项

使用当前原点或使用源图案填充的原点继承特性。

- 预览

用于在填充图案前进行预览，若不合适可进行修改。

2. "渐变色"选项卡

用于选择渐变（过渡）的单色或双色作为填充图案进行填充，如图 2-34 所示。

单击"颜色（C)"下方的"…"按钮，可打开"选择颜色"对话框，选择所需颜色，且可选择"单色"或"双色"填充。

"方向"下的"居中"和"角度"可控制渐变颜色的位置和角度。

☞ 注：

"渐变色"只能用于填充边界封闭的图形。

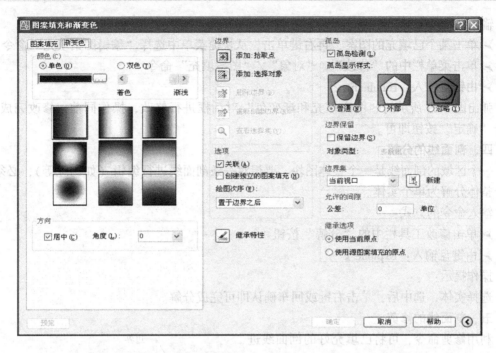

图 2-34　"图案填充和渐变色"对话框中的"渐变色"选项卡

二、拖拽工具选项板中的图案进行填充

AutoCAD 2006 的工具选项板较以前的版本又增加了一些图案和符号，可方便地进行填充。

打开该工具选项板的方法：

➢ 单击标准工具栏中的"工具选项板"按钮📖

➢ 单击菜单栏中的"工具"／"工具选项板窗口"命令

➢ 由键盘输入：Ctrl + 3 ↙

打开"工具选项板"窗口，如图 2-35 所示。

工具选项板中预置了 ISO 图案及办公室项目图案等，用户可以方便地进行图案填充。填充的方法是，单击所需的某图案，再单击某封闭图形实体，即完成填充，或用鼠标拖拽某图案到图形中也可完成填充。此外，工具选项板中还提供了一系列办公用品的模型，用户可以从中调用，调用时，只需单击某图形，鼠标就会带着选定图形，选择合适的地方单击即可完成调用。

☞ 注：

工具选项板中的图形在插入时，可根据命令行提示进行比例缩放或进行其他操作，也可在插入后，右键单击该图形，选择"特性"命令进行修改。

三、剖面线编辑

功能：可修改已填充的剖面线类型、缩放比例、角度及填充方式等。

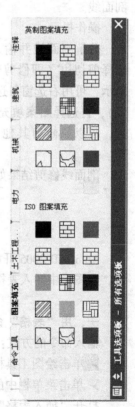

图 2-35　工具选项板窗口

输入命令的方式：

➢ 单击某个已填充的图案，再右键单击，从快捷菜单中选择"编辑图案填充"命令

➢ 单击菜单栏中的"修改"/"对象"/"图案填充"命令

➢ 由键盘输入：Hatchedit ↙

弹出图 2-29 所示的"图案填充和渐变色"对话框进行修改，操作同前，修改完成后，单击"确定"按钮即可。

四、剖面线的分解

一个区域的剖面线是一个整体图块，要想对一条剖面线进行编辑（如删除等），必须将这个整体分解为单个实体。

输入命令的方式：

➢ 单击修改工具栏中的"分解"按钮

➢ 由键盘输入：Explode ↙

操作提示：

选择实体，选中后，单击右键或回车确认即可完成分解。

五、剖面线的修剪

利用修剪命令，可将已填充好的剖面线进行修剪。

例 2-14 修剪图 2-36a 中两圆相交部分的剖面线。

操作提示：

分解剖面线并输入修剪命令 Trim 后，先选择剪切边（即修剪部分的边界，如图 2-36a 所示，可用右选窗口选取，或单击右键确认全选），再选择图案填充区域中要修剪的那个部分，可以象修剪其他对象一样来修剪图案填充。

剖面线修剪结果如图 2-36b 所示。

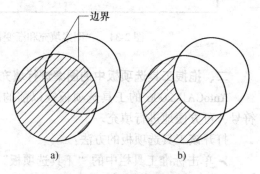

图 2-36　剖面线修剪示例
a）修剪之前　b）修剪之后

*第六节　创建表格

AutoCAD 2005 开始提供了创建表格的方法，AutoCAD 2006 对创建表格的功能又有所增强，在图形中插入表格而不需绘制由单独的直线组成的栅格，表格中可输入文字或添加块等。

一、用"表格"命令绘制表格

输入命令的方式：

➢ 单击绘图工具栏中的"表格"按钮

➢ 单击菜单栏中的"绘图"/"表格"命令

打开"插入表格"对话框，如图 2-37 所示。

（1）"插入方式"　当选择"指定插入点"时，将以表格左下角点定位；当选择"指

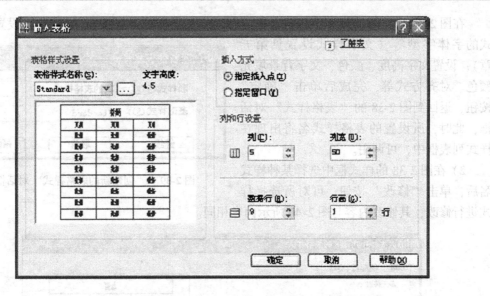

图 2-37　"插入表格"对话框

定窗口"方式，将以在绘图区指定两个对角点画出窗口来定位表格。

（2）"列和行设置"　输入列数、行数、列宽（长度值）、行高（以行为单位，由文字高度决定）。

（3）"表格样式设置"　默认为"Standard"，单击右侧的"…"按钮，可打开"表格样式"对话框，如图 2-38 所示。

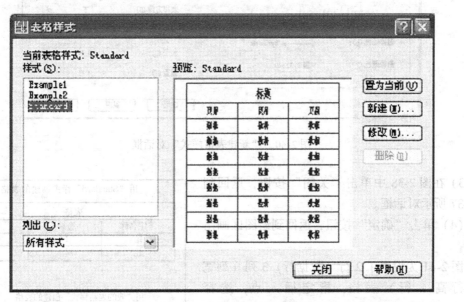

图 2-38　"表格样式"对话框

1）在图 2-38 所示的对话框中，单击"新建"按钮，可打开"创建新的表格样式"对话框，如图 2-39 所示。在"新样式名"框中输入新的表格样式名称，例如"我的表格样式"，单击"继续"按钮，可打开图 2-40 所示的"新建表格样式"对话框。

在图 2-40 中，可选择文字样式，单击右侧的文字样式设置按钮 "…"，可设置文字样式的字体字型等（文字样式设置见第五章）；设置文字高度、颜色、文字背景填充颜色、对齐方式等，完成后单击 "确定"按钮，返回到图 2-38 的 "表格样式"对话框，此时，所设置的表格样式名将出现在样式列表框中，可调用。

图 2-39 "创建新的表格样式"对话框

2）在图 2-38 的样式框中选择某种样式名后，单击 "修改"按钮，可对所选择样式进行修改，其修改内容与图 2-40 所示内容相同。

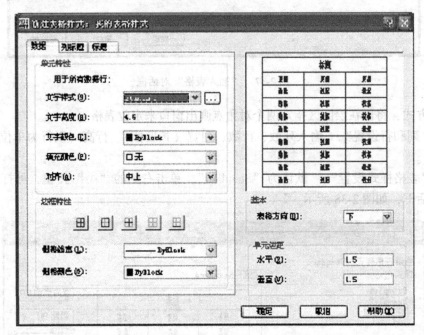

图 2-40 "新建表格样式"对话框

3）在图 2-38 中单击 "关闭"按钮，返回到图 2-37 所示对话框。

（4）单击 "确定"按钮，返回到绘图区画出表格。

图 2-41 为设置了 2 行（数据行）3 列（列宽50，行高 1 行）表格，指定插入点，选择 "Standard"样式和自建的 "我的表格样式"画出的表格。

☞ 注：

1）图 2-37 中的行数指的是数据行的行数，列标题行和表格标题行除外，默认是带有列标题

用 "Standard"样式创建的表格		
表格一		
零件名称	数量	材料
轴	1	45钢
轮	2	45钢

用 "我的表格样式"创建的表格		
轴	1	45 钢
轮	1	45 钢
零件名称	数量	材料

图 2-41 用两种样式创建的表格示例

行和表格标题行。如不修改表格样式，表格将会出现列标题行和表格标题行。如图2-41中"用 Standard 样式创建的表格"，数据行2行，列标题行1行，共3行。

2）表格的列标题行及表格标题行均可通过修改样式取消，具体的做法是：在图2-40所示的"新建表格样式"或"修改表格样式"对话框中，选择"列标题"和"标题"选项卡，将列标题行或标题行取消。图2-41中用"我的表格样式"创建的表格中，即取消了表格标题。

3）在绘图区指定表格插入点后，所设置的表格将自动画出，光标出现在第一行的第一列中，并自动打开"多行文字"编辑器窗口，等待用户输入表格文字。按 Tab 键可移动光标到下一列输入，按回车键可移动光标到下一行输入。在表格中单击右键，可弹出快捷菜单选择插入符号等，输入结束时，单击"确定"按钮，关闭"多行文字"编辑器即可。

4）如对已有表格中的文字进行修改，双击某文字可打开"多行文字"编辑器进行修改。

5）用"表格"命令创建的表格是规范表格，即表格的各行各列尺寸相同，如要使表格各列间距不同或行距不同，可采用"夹点功能"拉伸（夹点功能见第八章）。

二、用"工具选项板"上的表格工具创建表格

打开"工具选项板"窗口，单击"命令工具"选项卡上的"表格—ISO"工具，如图2-42所示。返回到绘图区单击该区域上的某一点，即可将系统预设的表格添加到绘图区域中。如图2-43所示的表格即是系统预置的表格，双击表格中的某单元格，可打开"多行文字"编辑器输入文字。

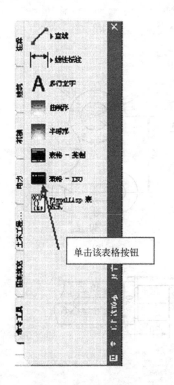

图 2-42　工具选项板

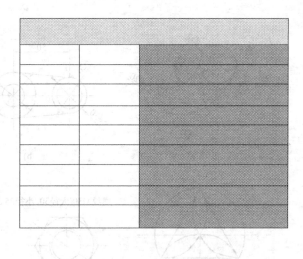

图 2-43　系统预设的表格

思考与上机练习

复习与思考

1. 用"矩形"命令可以画出哪几种矩形？

2. 解释在"圆"命令中，"[三点（3P）/两点（2P）/相切、相切、半径（T）]"这 3 个选项的含义。

3. 在绘图区域中要绘制一些特性点，如果用"点"命令绘制后，屏幕上显示不出所绘制的点，应怎样将其显示清楚一些？

4. 工具选项板怎样打开？如果要将工具选项板上的某图案填充到当前图形中，该怎样操作？请简述操作步骤。

5. 在填充图案时，打开的对话框中一般有"拾取点"和"选择对象"两个按钮，各用于什么情况的填充？一个图形实体如果不封闭，能否进行图案填充？

上机练习

练习 1 用"多段线"命令绘制图 2-7 所示的箭头。

练习 2 画出图 2-44 中所示的图形（尺寸自定），并完成图案填充。

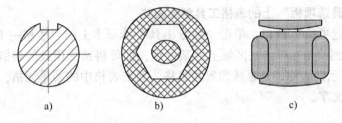

a)   b)   c)

图 2-44 练习 2 图

练习 3 画出图 2-45 中所示的图形，不标注尺寸。

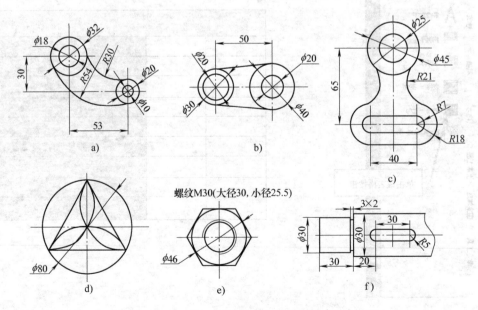

图 2-45 练习 3 图

练习 4 画出图 2-46 中所示的图形，不标注尺寸。

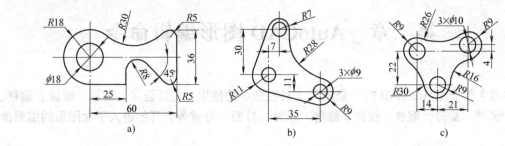

图 2-46 练习 4 图

练习 5 画出图 2-47 中所示的图形，不标注尺寸。

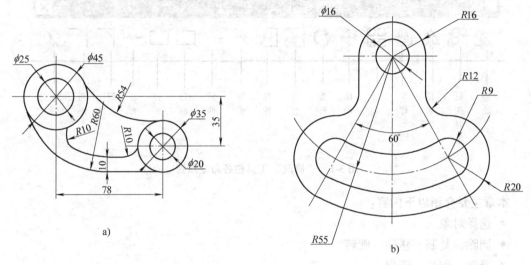

图 2-47 练习 5 图

练习 6 画出图 2-48 中所示的图形，不标注尺寸。

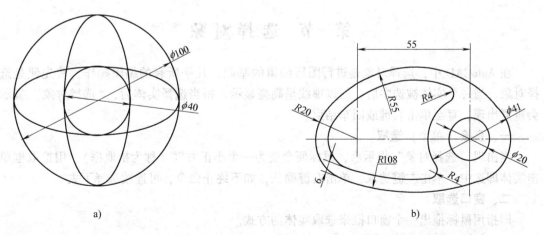

图 2-48 练习 6 图

第三章　AutoCAD 图形编辑命令

本章主要介绍 AutoCAD 的"修改"工具栏命令的使用，包括删除、复制、镜像、偏移、阵列、移动、旋转、缩放、拉伸、修剪、延伸、打断、分解等，开始进入平面图形的编辑操作。

"修改"工具栏的命令按钮如图 3-1 所示。

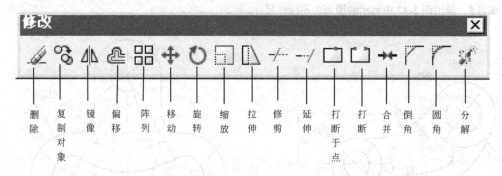

图 3-1　"修改"工具栏各命令按钮

本章主要介绍以下内容：
- 选择对象
- 删除、复制、移动、旋转
- 镜像、偏移、阵列
- 修剪、延伸、拉伸、拉长、缩放
- 打断、合并、倒角、圆角、分解

第一节　选　择　对　象

在 AutoCAD 中，选择对象是进行图形编辑的基础，几乎所有的编辑操作，首先便是选择对象。当一个实体被选中后，便以虚线呈高亮显示，每当选择实体后，"选择对象"提示会重复出现，直至单击右键或回车结束。

一、直接（单个）选取

当出现"选择对象"提示后，鼠标便会变为一个小正方框（称为拾取框），用拾取框单击实体即选中。单击左键选取，单击右键确认，如不终止命令，可连续选择下去。

二、窗口选取

即指用鼠标拖出一个窗口框来选取实体的方式。

1. W 窗口方式（左选窗口）

指拖动鼠标从左向右方向来框选对象方式（亦称左选窗口），只有完全位于该窗口内的实体才能被选中，也可在命令行出现提示"选择对象"时，输入 W，回车后，用鼠标拖选，故称为 W 窗口。

2. C 交叉窗口方式（右选窗口）

指拖动鼠标从右向左方向来框选对象方式（亦称右选窗口），当一个实体位于该窗口内或与该窗口相交，便被选中，故称为交叉窗口，也可在命令行出现提示"选择对象"时，输入 C，回车后，用鼠标拖选（此时可从任何方向拖选），故也称为 C 窗口。

☞ **注：**

在无命令状态下，仍可用以上方式选取实体。单个选取与窗口选取在操作上的区别在于第一点是否选中对象：第一点定位在实体上按单个选取处理，第一点定位在屏幕空白处，未选中实体，则会出现"另一角点"，按窗口选取处理。

三、ALL（全选）方式

当系统提示"选择对象"时，键入 ALL，回车后即全部选中。

四、其他方式

在编辑中，当系统出现选择对象提示时，若输入"?"，还可见到其他选择方式。

选择对象：?

需要点或窗口（W）/上一个（L）/窗交（C）/框（BOX）/全部（ALL）/栏选（F）/圈围（WP）/圈交（CP）/编组（G）/添加（A）/删除（R）/多个（M）/前一个（P）/放弃（U）/自动（AU）/单个（SI）

下面介绍几种选择方式：

（1）框（BOX）　用鼠标拖出矩形去选取，若由左至右选取，等价于 W 窗口；若由右至左选取，则等价于 C 窗口。

（2）栏选（F）　用鼠标画线选取。凡与栏选线相交的实体才能被选中，栏选画线可封闭也可不封闭，如图 3-2 所示的六边形和圆将被选中。

（3）圈围（WP）　用鼠标画出多边形选取，凡完全位于多边形中的实体才能被选中，该多边形任何时候都是封闭的，且可为任何形状，如图 3-3 所示。

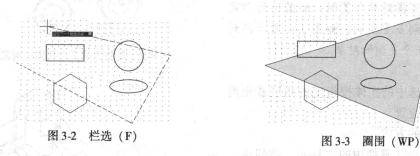

图 3-2　栏选（F）　　　　　　　图 3-3　圈围（WP）

（4）圈交（CP）　与圈围（WP）类似，不同之处是凡与该多边形相交的实体才能被选中。

（5）前一个（P）　选择上一次编辑的选择集。

第二节　删除、复制、移动、旋转

一、删除

功能：从已有图形中删除指定的实体。

输入命令的方式：

➤ 单击修改工具栏中的"删除"按钮 ✍

➤ 单击菜单栏中的"修改"／"删除"命令

➤ 由键盘输入：Erase（或 E）↙

系统提示：

选择对象：

选中后，按右键确认或回车即可删除。

二、复制

功能：将选中的实体按指定的角度和方向复制到指定的位置。

输入命令的方式：

➤ 单击修改工具栏中的"复制对象"按钮 ☜

➤ 单击菜单栏中的"修改"／"复制"命令

➤ 由键盘输入：Copy（或 Co）↙

系统提示：

选择对象：

指定基点或［位移(D)］＜位移＞：指定第二个点或 ＜使用第一个点作为位移＞：

指定第二个点或［退出(E)/放弃(U)］＜退出＞：

指定第二个点或［退出(E)/放弃(U)］＜退出＞：

☞ **注：**

该命令默认具有多重复制功能，这是与 AutoCAD 以前的版本不同之处。选择对象后，须指定位移的基点（并作为位移的第一点），再输入位移的第二点（用鼠标或键盘输入，如图 3-4 中 A 点）即完成一个复制，如单击右键或回车结束，可得到单个复制；如若连续指定第二点，可得到多重复制，如图 3-4 所示得到 A、B、C、D 4 个复制的对象。

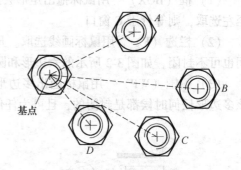

图 3-4　复制生成多个相同的对象

三、移动

功能：将选中的实体按指定的角度或距离平移到指定的位置。

输入命令的方式：

➤ 单击修改工具栏中的"移动"按钮 ✛

➤ 单击菜单栏中的"修改"／"移动"命令

➤ 由键盘输入：Move（或 M）↙

系统提示：

选择对象：

指定基点或［位移(D)］＜位移＞：指定第二个点或＜使用第一个点作为位移＞：

图 3-5 所示为移动示例。

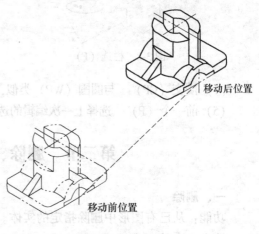

图 3-5　移动对象

四、旋转

功能：将选中的实体绕指定的基点旋转一指定角度，或参照一对象进行旋转。

输入命令的方式：

➤ 单击修改工具栏中的"旋转"按钮 ↻

➤ 单击菜单栏中的"修改"／"旋转"命令

➤ 由键盘输入：Rotate↙

例 3-1　按一指定角度旋转实体。

系统提示：

命令：_rotate

UCS 当前的正角方向：　ANGDIR = 逆时针 ANGBASE = 0

选择对象：用交叉窗口选择图 3-6 中虚线部分实体

选择对象：↙

指定基点：指定图中大圆的圆心为基点

指定旋转角度，或[复制(C)/参照(R)]＜0＞:40↙

旋转结果如图 3-6 所示。

☞ **注：**

1）输入的旋转角为正值，实体按逆时针方向旋转；旋转角为负值，实体按顺时针方向旋转。

2）在输入角度值之前选择 C（复制），可得到一个复制对象，即源对象保留。

例 3-2　按参照角度旋转实体。

系统提示：

命令：_rotate

UCS 当前的正角方向：　ANGDIR = 逆时针　ANGBASE = 0

选择对象：用交叉窗口选择图 3-7 中虚线部分实体

选择对象：↙

指定基点：指定图中大圆的圆心为基点

指定旋转角度,或[复制(C)/参照(R)]＜0＞:R↙

指定参照角 ＜0＞：20↙

指定新角度或[点(P)]＜0＞:75↙

旋转结果如图 3-7 所示。

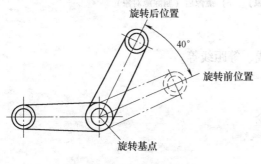

图 3-6　按指定角度旋转实体

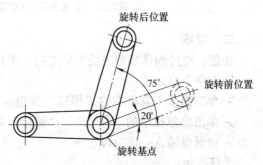

图 3-7　按参照角度旋转实体
（原角度20°，新角度75°）

<h1 style="text-align:center">第三节　镜像、偏移、阵列</h1>

一、镜像

功能：将实体对称复制（生成实体的镜像），复制后既可删除，也可保留源图形实体。

输入命令的方式：

➤ 单击修改工具栏上的"镜像"按钮 ⚏

➤ 单击菜单栏中的"修改"/"镜像"命令

➤ 由键盘输入：Mirror↙

系统提示：

选择对象：选择要镜像的实体

选择对象：↙

指定镜像线的第一点：　指定镜像线的第二点：

是否删除源对象？[是(Y)/否(N)] <N>：

☞注：

1）指定镜像线上两点，可任选两点，系统按两点连线作为镜像轴线，也可选已有的一条直线上的两点。

2）是否删除源对象？若回答 Y（是），则将删除源对象，生成实体的镜像；若回答 N（否），则保留源对象，完成对称复制。

图 3-8 所示为一镜像实例。

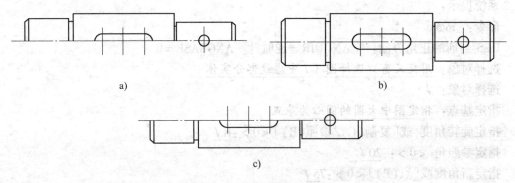

a)　　　　　　　　　　　　　　　b)

c)

图 3-8　生成实体的镜像

a) 镜像前　b) 镜像后（保留源对象）　c) 镜像后（删除源对象）

二、偏移

功能：通过偏移复制来绘制同心圆、平行线、等距线等。

输入命令的方式：

➤ 单击修改工具栏中的"偏移"按钮 ⚏

➤ 单击菜单栏中的"修改"/"偏移"命令

➤ 由键盘输入：Offset↙

系统提示：

命令：_offset

指定偏移距离或[通过(T)/删除(E)/图层(L)]<通过>：输入一个正数作为偏移距离值

选择要偏移的对象或[退出(E)/放弃(U)]<退出>：选择要偏移的实体

指定要偏移的那一侧上的点,或[退出(E)/多个(M)/放弃(U)]<退出>：用鼠标单击某侧一点

选择要偏移的对象或[退出(E)/放弃(U)]<退出>：重复以上操作（或回车结束）

☞ **注：**

1）上述操作中若选择"通过（T)"，在选择要偏移的实体后，需给出新实体的通过点。

2）"删除（E)"选项，可用于偏移对象后将源对象删除。

3）"图层（L)"选项，可确定将偏移对象创建在当前图层上还是在源对象所在的图层上。

4）"多个（M)"选项，可使用当前偏移距离重复进行偏移操作。

图 3-9 所示为偏移实例。

三、阵列

功能：通过一次操作，快速生成按某种规则排列的相同图形。阵列的方式有矩形阵列和环形阵列两种。

输入命令的方式：

➢ 单击修改工具栏中的"阵列"按钮 品

➢ 单击菜单栏中的"修改"/"阵列"命令

➢ 由键盘输入：Array ↙

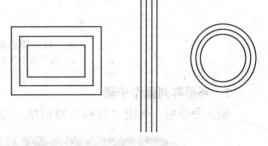

图 3-9 偏移实体绘制等距线

1. 矩形阵列操作步骤

输入命令后，弹出"阵列"对话框，如图 3-10 所示。

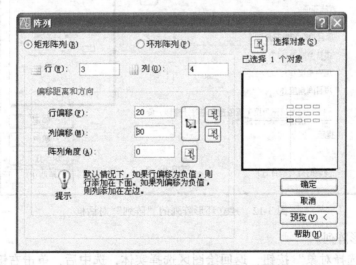

图 3-10 建立矩形阵列的"阵列"对话框

1）选择阵列方式。矩形阵列或环形阵列（图 3-10 为选择矩形阵列)。

2）选择要阵列的实体。单击图 3-10 中的"选择对象"按钮，返回绘图区选择实体，选中后，单击右键结束，返回图 3-10。

3）在图 3-10 中输入行数、列数（图 3-10 中为 3 行 4 列)。

4）输入行偏移（即行间距）、列偏移（即列间距）及阵列角度。图 3-10 中输入行偏移为 20，列偏移为 30，阵列角度为 0°，其阵列结果如图 3-11a 所示，图 3-11b 所示的阵列角度为 30°。

5）单击"确定"按钮，完成矩形阵列，如图 3-11 所示。

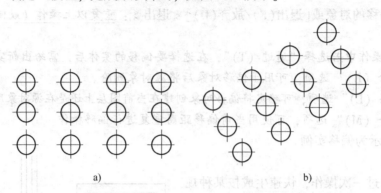

图 3-11 矩形阵列示例（3 行 4 列）
a）阵列角度为 0° b）阵列角度为 30°

2. 环形阵列操作步骤

输入命令后，弹出"阵列"对话框，如图 3-12 所示。

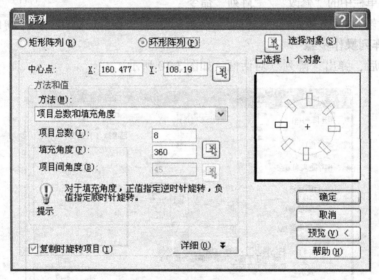

图 3-12 建立环形阵列的"阵列"对话框

1）选择环形阵列。

2）单击"选择对象"按钮，返回绘图区选择实体，选中后，单击右键结束，返回图 3-12。

3）单击"中心点"右侧的按钮，返回绘图区选择阵列的中心点（一般为阵列分布圆的圆心），选中即返回图 3-12。

4）输入项目总数（即需生成图形的个数，图 3-12 中为 8）。

5）输入填充角度（即环形阵列所占的圆心角，图 3-12 中为 360°，即在一个整圆上均布）。

6）单击"确定"即完成阵列，结果如图 3-13 所示。

☞ **注：**

1）矩形阵列

行偏移为正值，由原图向上排列，负值向下排列。

列偏移为正值，由原图向右排列，负值向左排列。

行偏移要包括被复制实体的高度。

列偏移要包括被复制实体的宽度。

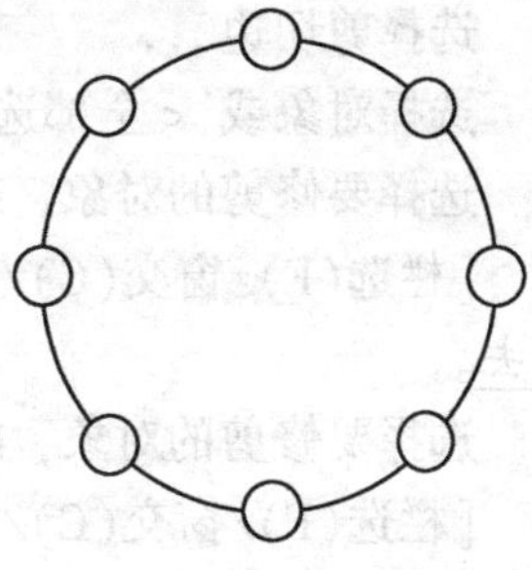

2）环形阵列

是否在阵列时将对象旋转等（图 3-12 中是否选中"复制时旋转项目"）。

图 3-13　环形阵列示例
（项目总数 8，填充角度 360°）

项目总数应包含原来的那个图形。填充角即圆形阵列所占的圆心角，填充角为正值，按递时针方向排列；填充角为负值，按顺时针方向排列。默认为 360°，在一个整圆上排列。

阵列实例如图 3-14 所示。

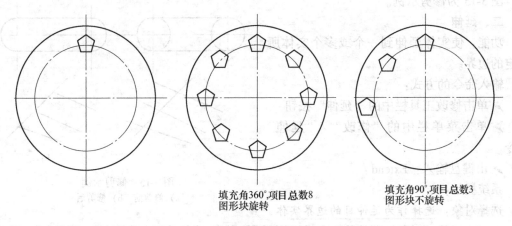

填充角 360°，项目总数 8
图形块旋转

填充角 90°，项目总数 3
图形块不旋转

图 3-14　环形阵列时"是否旋转项目及不同的填充角"示例

第四节　修剪、延伸、拉伸、拉长、缩放

一、修剪

功能：以指定的对象为边界，将多余的部分剪去，该命令首先要定义一个剪切边界，然后再用此边界剪去实体的一部分。

输入命令的方式：

➤ 单击修改工具栏中的"修剪"按钮 ⊁

➤ 单击菜单栏中的"修改"／"修剪"命令

➤ 由键盘输入：Trim ↙

系统提示：

命令：_trim

当前设置：投影 = UCS，边 = 无

选择剪切边 ...

选择对象或 <全部选择>：选择作为剪切边界的实体，回车或单击右键确认。

选择要修剪的对象，或按住 Shift 键选择要延伸的对象，或

[栏选(F)/窗交(C)/投影(P)/边(E)/删除(R)/放弃(U)]：选择要修剪的对象，即可剪去。

选择要修剪的对象，或按住 Shift 键选择要延伸的对象，或

[栏选(F)/窗交(C)/投影(P)/边(E)/删除(R)/放弃(U)]：

☞ 注：

1）默认为"全部选择"，只要回车或单击右键，即可快速选择所有可视的几何图形作为剪切或延伸对象。

2）按住 Shift 键选择要延伸的对象，相当于延伸操作（见本节二、延伸）。

3）修剪边界本身也可以作为被修剪的对象，故为加快作图速度，当提示选择对象时，最好采用单击右键或回车，将所有的实体都选中，再进行所需的修剪。

图 3-15 为修剪示例。

二、延伸

功能：使实体延伸到一个或多个实体所限定的边界。

输入命令的方式：

➢ 单击修改工具栏中的"延伸"按钮 ⊸

➢ 单击菜单栏中的"修改"／"延伸"命令

➢ 由键盘输入：Extend ↙

系统提示：

选择对象：选择作为延伸目的边界实体

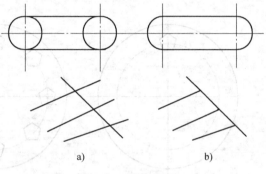

图 3-15　修剪示例
a) 修剪前　b) 修剪后

选择要延伸的对象，或按住 Shift 键选择要修剪的对象，或[栏选(F)/窗交(C)/投影(P)/边(E)/放弃(U)]：选择要延伸的实体

☞ 注：

1）按住 Shift 键选择要修剪的对象，相当于修剪操作。

2）可选多个边界线，也可选多个要延伸的对象。

3）一条直线被延伸后，相关尺寸自动修改。

延伸示例如图 3-16 所示。

三、拉伸

功能：使实体的部分拉伸或缩短到指定的位置，并保持与未动部分相连。

输入命令的方式：

➢ 单击修改工具栏中的"拉伸"按钮 ⬚

➢ 单击菜单栏中的"修改"／"拉伸"命令

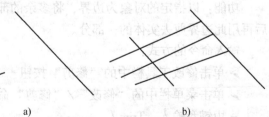

图 3-16　延伸示例
a) 延伸前　b) 延伸后

➢ 由键盘输入：Stretch↙

系统提示：

以交叉窗口或交叉多边形选择要拉伸的对象…

选择对象：用 C 窗口选择实体

选择对象：↙

指定基点或［位移（D）］＜位移＞：指定拉伸的起点

指定第二个点或 ＜使用第一个点作为位移＞：指定拉伸的终点

☞ 注：

1）必须用交叉 C 窗口（右选窗口）选择实体的一部分，若实体完全位于窗口内，不能产生拉伸，只能产生平移。

2）若实体注有相应尺寸，拉伸（或缩短）后，尺寸数值自动修改。

拉伸示例如图 3-17 所示。

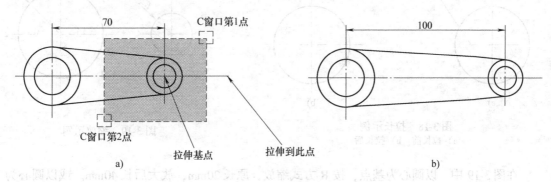

图 3-17　拉伸示例
a）拉伸前　b）拉伸后

四、拉长

功能：改变直线或曲线的长度。

输入命令的方式：

➢ 单击菜单栏中的"修改"／"拉长"命令

➢ 由键盘输入：Lengthen↙

系统提示：

选择对象或[增量(DE)/百分数(P)/全部(T)/动态(DY)]：DY

选择要修改的对象或[放弃(U)]：选中要拉长的线段

指定新端点：拉伸到所需点

☞ 注：

1）增量（DE）：输入增量改变原长度，正值变长，负值缩短。

2）百分数（P）：以总长的百分比形式改变原长度，大于 100 为拉长，小于 100 为缩短。

3）全部（T）：以新长度改变原长度，按输入值全长拉长或缩短。

4）动态（DY）：动态地改变原长度

拉长示例如图 3-18 所示。

五、比例（缩放）

功能：将实体相对于基点按比例进行放大或缩小。

输入命令的方式：

➤ 单击修改工具栏中的"比例缩放"按钮 □

➤ 单击菜单栏中的"修改"／"缩放"命令

➤ 由键盘输入：Scale✓

系统提示：

选择对象：

指定基点：

指定比例因子或[复制(C)/参照(R)] <1.0000>：

缩放示例如图3-19所示。

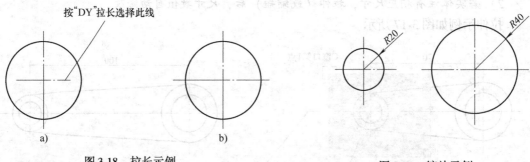

图3-18 拉长示例
a) 拉长前 b) 拉长后

图3-19 缩放示例

在图3-19中，以圆心为基点，按R方式缩放，原长20mm，放大后长40mm。或以圆心为基点，放大比例为2。

☞ 注：

1) 指定比例因子缩放：比例因子大于1为放大，小于1为缩小。

2) 按参照方式缩放：选择R后，先输入原长度，再输入新长度。

3) 选择C（复制），可在缩放时，保留源图形。

4) 缩放后，相关尺寸自动修改。

第五节　打断、合并、倒角、圆角、分解

一、打断、部分删除

功能：前一个为断开（将一条线段断为两段），后一个可删除一段。

输入命令的方式：

➤ 单击修改工具栏中的"打断于点"按钮 □ 及"打断"按钮 □

➤ 单击菜单栏中的"修改"／"打断"命令

➤ 由键盘输入：Break✓

系统提示：

－break 选择对象：（同时给出打断点1）

指定第二个打断点或 [第一点（F）]：给出打断点2

☞ 注：

1）如果给出 F，回车，将重新选择打断点 1。

2）点取线上两点，将删除两点间的一段。

3）如果一点在线内，一点在线外，可删除一段。

打断示例如图 3-20 所示。

二、合并

功能：将同一方向上的或同一圆周上的同类线段合并为一个实体。

1）该命令可以将任何数量的同一直线方向上的线段连接成一条线。原始的线段可以是相互交迭的，带缺口的或端点相连的，但必须是在同一直线方向上，对于圆弧段或椭圆弧段也是一样，它需要圆弧在同一圆周上。

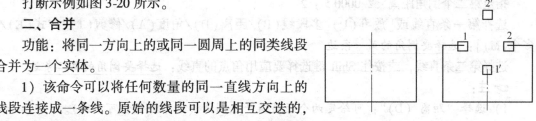

图 3-20　打断示例
（删除 1 2、1′ 2′间各一段）

2）该命令可以连接在同一平面上且端点相连的多个样条曲线或多段线。

3）该命令可以封闭圆弧或椭圆弧，并自动将它们转换为圆或椭圆。

输入命令的方式：

➢ 单击修改工具栏中的"合并"按钮 ⤙

➢ 单击菜单栏中的"修改"／"合并"命令

➢ 由键盘输入：Join（或 J）↙

系统提示：

_join 选择源对象：

选择要合并到源的直线：<u>选择要合并的源直线</u>

选择要合并到源的直线：<u>选择要合并的直线</u>

已将 1 条直线合并到源

如果合并是圆弧，则系统提示为：

提示：_join 选择源对象：

选择圆弧，以合并到源或进行［闭合（L）］：

选择要合并到源的圆弧：　找到 1 个

已将 1 个圆弧合并到源

如果在上述提示中选择 L，可将未封闭的圆或椭圆闭合。

图 3-21 为合并示例。

三、倒角

功能：在两条线段间加一个倒角。

输入命令的方式：

➢ 单击修改工具栏中的"倒角"按钮 ⌐

➢ 单击菜单栏中的"修改"／"倒角"命令

➢ 由键盘输入：Chamfer↙

系统提示：

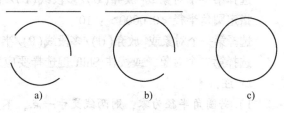

a)　　　　　　　b)　　　　　　c)

图 3-21　合并示例
a）合并前　b）合并后　c）封闭后

（"修剪"模式）当前倒角距离 1 = 0.0000，距离 2 = 0.0000

选择第一条直线或 [放弃(U)/多段线(P)/距离(D)/角度(A)/修剪(T)/方式(E)/多个(M)]：d

指定第一个倒角距离 <0.0000>：2

指定第二个倒角距离 <2.0000>：2

选择第一条直线或 [放弃(U)/多段线(P)/距离(D)/角度(A)/修剪(T)/方式(E)/多个(M)]：*选择要倒角的第一条边*

选择第二条直线，或按住 Shift 键选择要应用角点的直线：*选择要倒角的第二条边*

☞注：

1）选择"距离（D）"：可给定两个距离值产生倒角（两个距离值可不同）。

2）选择"角度（A）"：可给定一个距离值和一个角度值产生倒角。

3）多段线（P）：用于为多段线倒角。

4）修剪（T）：可选择倒角时修剪与否。

5）同时倒多个角时，选择"多个（M）"。

6）选择"放弃（U）"可撤消（回退）上一个倒角。

7）当倒角距离设为零时，无论这两条直线是否相交，都使这两条线交于一点，不倒角。

8）在选择第二条直线之前，若按住 Shift 键，相当于 7）的操作，即将两条相交或不相交的直线连接，不产生倒角（创建零距离倒角）。

倒角示例如图 3-22 所示。

四、圆角

功能：按指定的半径用圆弧连接两直线、圆或圆弧。

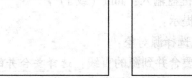

图 3-22　倒角前后示例

输入命令的方式：

➢ 单击修改工具栏中的"圆角"按钮 ⌐

➢ 单击菜单栏中的"修改"／"圆角"命令

➢ 由键盘输入：Fillet ↙

系统提示：

当前设置：模式 = 修剪，半径 = 0.0000

选择第一个对象或 [放弃(U)/多段线(P)/半径(R)/修剪(T)/多个(M)]：r

指定圆角半径 <0.0000>：10

选择第一个对象或 [放弃(U)/多段线(P)/半径(R)/修剪(T)/多个(M)]：*选择第一条边*

选择第二个对象，或按住 Shift 键选择要应用角点的对象：*选择第二条边*

☞注：

1）若圆角半径为零，则两线交于一点，不产生圆角。

2）若选择了两条平行线，则过渡圆弧一律是 180°的半圆，无论所设半径大小如何。

3）选择"放弃（U）"：可撤消（回退）上一个圆角。

4）在选择第二条直线之前，若按住 Shift 键，相当于 1）的操作，即将两条相交或不相交的直线连接，不产生圆角（创建零半径圆角）。

倒圆角示例如图 3-23 所示。

五、分解

功能：可将由多段线、矩形、正多边形、图块、剖面线、尺寸等组合实体分解为若干个独立实体。

图 3-23　倒圆角前后示例

输入命令的方式：

➢ 单击修改工具栏中的"分解"按钮

➢ 单击菜单栏中的"修改"／"分解"命令

➢ 由键盘输入：Explode ↙

系统提示：

选择对象：选中后单击右键确认即分解。

思考与上机练习

复习与思考

1. 如果同一平面上有两条互不平行的线段，可以通过什么命令来延长原线段，使两条线段相交于一点？

2. "打断"命令与"修剪"命令在功能上有何不同？使用"修剪"命令应该注意什么？

3. "镜像"命令有什么功能？一般什么时候使用？

4. "阵列"命令可有哪几种阵列方式？在使用时应注意哪些事项？

5. 要拉伸一个已有的实体，用什么命令？又用什么方法选择实体，才能实现拉伸的目的？

6. "拉伸"与"拉长"命令有什么不同？各用于什么情况？

7. 图形实体经缩放后，其相关尺寸有无变化？

8. 要进行一个圆形阵列操作，阵列的中心点怎样选择？图形旋转与否对阵列结果有无影响？

9. 比例缩放命令改变的是实体的大小还是视图显示的大小？

10. 执行"拉伸"命令时，应该怎样选择被拉伸的对象？如若实体的全部均被选中，能否得到预期的拉伸结果？

11. 如果要绘制一些同心圆或等距线，应该执行什么命令？用"复制"命令还是用"偏移命令"？这两个命令能否实现上述目的？它们各有什么特点？

12. 图形的复制主要有哪些命令可以实现？是否有直接复制、镜像复制、阵列复制、偏移复制等操作？

上机练习

练习1　画出图 3-24 中所示的图形，不标注尺寸。

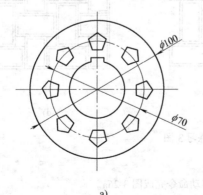

a)

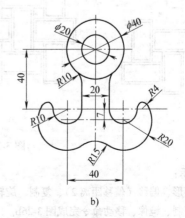

b)

图 3-24　练习1图

练习2 画出图 3-25 中所示的图形，不标注尺寸。

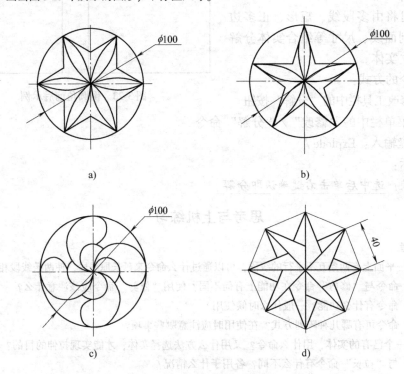

图 3-25 练习 2 图

练习3 按图 3-26 中 a→b→c→d 顺序，画出图形。

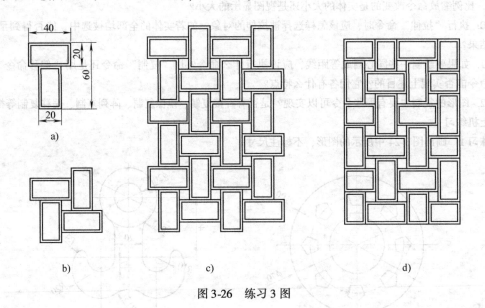

图 3-26 练习 3 图

操作提示：

1）用矩形、偏移（偏移距离 2）、复制、旋转、移动命令完成图 3-26a。

2）用复制、镜像、移动命令完成图 3-26b。

3）用矩形阵列完成图 3-26c。阵列 3 行、2 列，阵列的行间距为 − 60，列间距为 60。

4）用拉伸命令完成图 3-26d。

注意：采用交叉窗口选择图形中伸出部分，捕捉定位。

练习 4　抄画图 3-27 中所示的图形，不标注尺寸。

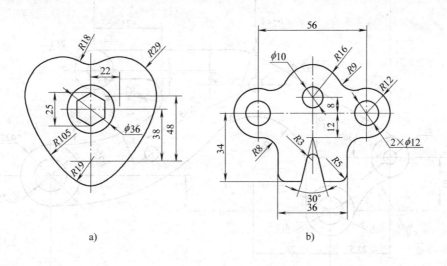

a)　　　　　　　　　　b)

图 3-27　练习 4 图

练习 5　抄画图 3-28 中所示的图形，不标注尺寸。

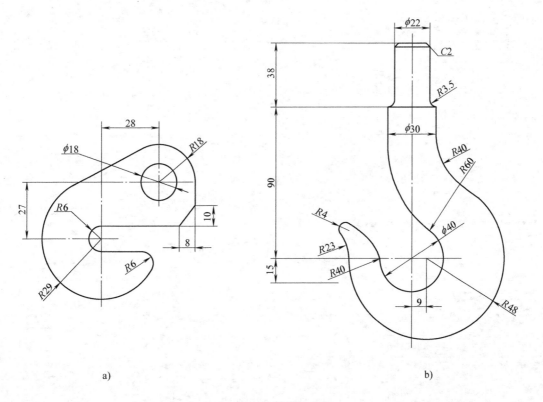

a)　　　　　　　　　　b)

图 3-28　练习 5 图

练习 6 抄画图 3-29 中所示的图形，不标注尺寸。

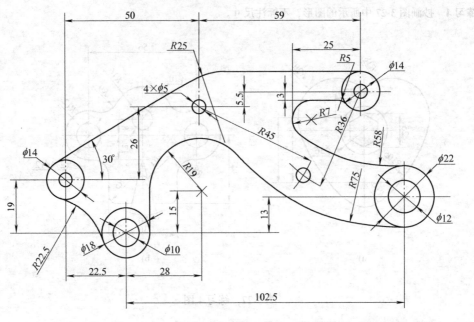

图 3-29 练习 6 图

第四章　辅助绘图与快速作图

本章主要讨论 AutoCAD 的辅助绘图工具的使用，用鼠标精确定位，快速捕捉所需点，加快作图速度等方法。

本章主要介绍以下内容：

- 辅助绘图工具按钮的使用
- 目标捕捉方式及其使用
- 极轴追踪、对象追踪与快速作图
- 利用极轴绘制正等轴测图

第一节　辅助绘图工具按钮的使用

辅助绘图工具按钮指的是状态行上的 9 个按钮，如图 4-1 所示。在绘图时，它们起着快速定位，加快作图速度的作用。

捕捉 栅格 正交 极轴 对象捕捉 对象追踪 DYN 线宽 模型

图 4-1　状态行上的 9 个辅助绘图工具按钮

1. "栅格" 按钮

功能：打开与关闭栅格显示。

栅格相当于坐标纸，在世界坐标系中，按下 "栅格" 按钮（或 F7 键），在图幅界限内将布满栅格点，用以显示图幅范围，如图 4-2 所示。用户在绘图时，应先打开 "栅格" 按钮，按栅格点显示的范围画出图框，再关闭栅格，以使图形不会画到图幅界限之外，也便于在打印时可按图幅界限打印。

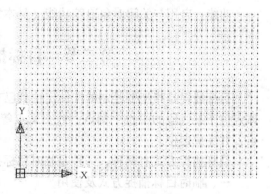

图 4-2　栅格显示图幅

栅格点的疏密可通过右键单击 "栅格" 按钮，选择 "设置" （或由 "格式" / "草图设置" 命令），打开图 4-3 所示的 "草图设置" 对话框，在 "捕捉和栅格" 选项卡中设置。

调整栅格 X 轴间距和 Y 轴间距，即可调节栅格点间距离。"启用栅格" 相当于按下 "栅格" 按钮。

2. "捕捉" 按钮

功能：捕捉栅格点，打开时，光标只能在栅格点上移动。

捕捉与栅格显示一般配合使用，在图 4-3 中，"启用捕捉" 相当于按下 "捕捉" 按钮。若将图 4-3 中栅格角度旋转一定角度，可用于画轴测图。一般情况下，为便于自由移动光标，"捕捉"按钮是关闭的。

3. "正交"按钮

功能：切换画正交线与斜线的开关（即 F8 键），按下时，只能画水平、垂直线；弹起时，可画斜线。

4. "线宽"按钮

功能：打开或关闭线宽显示。

5. "模型/图纸"按钮

功能：切换模型空间与图纸空间。

AutoCAD 有两个绘图空间，模型空间（Mode Space）与图纸空间（Paper Space），用户的大多数工作是在模型空间进行的。在图纸空间，同样也允许用户完成类似模型空间的工作。单击状态行上的"模型/图纸"按钮，即可进行模型空间与图纸空间的切换。

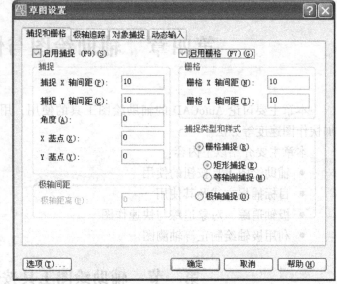

图 4-3　"草图设置"对话框中的
"捕捉和栅格"选项卡

6. "极轴"按钮

功能：启用与关闭极轴功能（极轴设置与功用见本章第三节）。

7. "对象捕捉"按钮

功能：启用与关闭固定对象捕捉方式的使用（见本章第三节）。

8. "对象追踪"按钮

功能：启用与关闭对象追踪功能（见本章第三节）。

第二节　目标捕捉方式及其使用

目标捕捉是指把要绘制的实体定位到已有实体的某些特定点上，如用户常常想把新的实体定位于某线段的中点、端点、或交叉点等等，目标捕捉功能可以帮助用户快速找到这些点，并完成定位。

目标捕捉方式有两种，一种是临时目标捕捉方式，另一种是固定目标捕捉方式。

一、临时目标捕捉方式及使用

临时目标捕捉方式指的是"对象捕捉"工具栏按钮的使用，它的特点是临时性，单击一次按钮，只能完成一次捕捉。该工具栏上共有 17 个按钮，常用的目标捕捉按钮有 13 个，当命令行提示指定点时，可单击某个按钮，然后去捕捉实体上的某点，捕捉后，即完成该次操作。"对象捕捉"工具栏的内容如图 4-4 所示。

例 4-1　利用临时对象捕捉方式画圆的切线。

如图 4-5 所示，输入直线命令，在提示指定第一点时，单击"对象捕捉"工具栏上的"捕捉到切点"按钮，然后去单击图 4-5 中 1 点处，提示指定下一点时，再次单击"捕捉到切点"按钮，去单击图 4-5 中 2 点处，确认，即完成第一条切线。同理，重复上述方法去捕

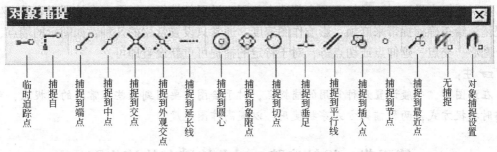

图 4-4 "对象捕捉"工具栏

捉 3、4 点，得到另一条切线。

二、固定目标捕捉方式的设置与使用

固定目标捕捉方式指的是一旦设置好自动目标捕捉方式后，将一直保持该状态，直至取消该功能为止。在绘图时，按下状态行上的"对象捕捉"按钮，当光标一旦到达所设置的捕捉点时，图上将亮显该点，以示该点可捕捉，单击左键即捕捉到该点。

例如，在图 4-5 中，如果将切点捕捉设置为固定捕捉方式，当执行直线命令时，移动光标到 1 点处，会出现亮显的切点标志，单击左键即可捕捉到 1 点（切点），再单击切点 2 即可完成该切线。

设置固定目标捕捉的方法是：右键单击状态行上的"对象捕捉"按钮，选择"设置"命令，或"工具"/"草图设置"命令，打开"对象捕捉"选项卡，如图 4-6 所示。

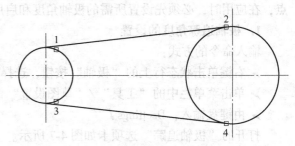

图 4-5 利用临时对象捕捉方式画圆的切线

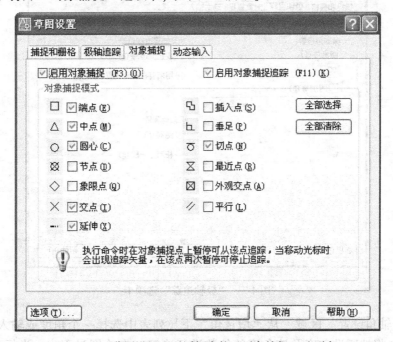

图 4-6 "草图设置"对话框中的"对象捕捉"选项卡

在对话框中设置时，最好不要全都选中，因为设置的捕捉点过多，在绘图时容易产生识别混淆，给正确捕捉带来麻烦，影响作图速度。通常只设置常用的几种，如图示的端点、中点、圆心、交点、延伸点或切点等，对于特定的捕捉可重新设置即可。

☞ **注**：

在绘图中，一般设置几种常用的捕捉点，对于绘图中要用到某些不常用的捕捉点，可采用临时捕捉方式，两种捕捉方式穿插使用，以提高作图速度。

第三节 极轴追踪、对象追踪与快速作图

一、极轴追踪

极轴追踪是指在绘图过程中，系统按所设的极轴角度提供参考数据，当光标到达该角度线时，会出现用虚点表示的角度线和角度值提示。极轴追踪不仅使平面图形绘制方便快捷，还可使轴测图的绘制极为快捷。应用极轴追踪，可以快速地捕捉到所设极轴角度线上的任意点，在应用时，必须先设置所需的极轴角度和启用极轴追踪方式。

1．极轴追踪角度的设置

输入命令的方式：

➢ 右键单击状态行上的"极轴"按钮，选择"设置"命令

➢ 单击菜单栏中的"工具" / "草图设置"命令

➢ 由键盘输入：Dsettings✓

打开的"极轴追踪"选项卡如图 4-7 所示。

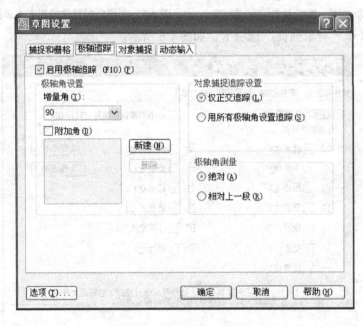

图 4-7 "极轴追踪"选项卡

（1）"极轴角设置"区域 从"增量角"下拉列表中选择一个角度或输入一个新角度值，AutoCAD 将按所设角度及该角度的倍数进行追踪（在绘图过程中，光标到达该角度，

会出现角度提示线或角度提示值）。

例如：绘制平面图形（如三视图）等，增量角一般设为90°；绘制轴测图时（如正等轴测图），可将增量角设为30°。

在"附加角"区域，可根据需要，选中附加角，单击"新建"按钮，可输入一些有效的附加追踪角度。

（2）"极轴角测量"区域 该区用于设置测量极轴追踪角度的参考基准。"绝对"选项，是指极轴追踪以当前用户坐标系UCS为参考基准；"相对上一段"是指以上一个实体为参考基准。

（3）"对象捕捉追踪设置"区域 该区域有两个选项，"仅正交追踪"可用于绘制平面图形（三视图）等（极轴角度为90°时）；"用所有极轴角设置追踪"可用于画轴测图或有多个极轴角设置时。

2. 极轴追踪方式的启用

启用极轴追踪方式的方法有三种：

方法一：单击状态行上的"极轴"按钮，使之处于按下的状态。

方法二：在图4-7中，选中"启用极轴追踪"选项。

方法三：按F10键。

二、对象追踪

对象追踪是指在绘图过程中，用来捕捉通过某点延长线上的任意点，这是AutoCAD的自动跟踪功能。在绘图过程中，AutoCAD可能自动跟踪记忆同一命令操作中光标所经过的捕捉点，从而以其中某一捕捉点的 X 或 Y 坐标控制用户所需要选择的定位点，启用对象追踪方式后，可方便地捕捉到满足"长对正、高平齐"的点。

1. 对象追踪的设置

在图4-7中的"对象捕捉追踪设置"区域，选中"仅正交追踪"选项（或"用所有极轴角设置追踪"）。

2. 启用对象追踪方式

方法一：单击状态行上的"对象追踪"按钮，使之处于按下的状态。

方法二：在图4-7所示的"对象捕捉"选项卡中，选中"启用对象捕捉追踪"选项。

☞ 注：

对象追踪必须与固定对象捕捉方式及极轴追踪配合使用。

例4-2 绘制图4-8所示的直线 CD，要求直线 CD 与已知圆 AB 高平齐。

操作步骤：

1）设置固定对象捕捉为"象限点"、"交点"、"端点"等，按下"对象捕捉"按钮。

2）设置"极轴"角度为90°，按下"极轴"按钮。

3）设置"对象捕捉追踪"为"正交追踪"，按下"对象追踪"按钮。

4）画出圆 AB。

5）输入直线命令，提示指定第一点时，移动鼠标捕捉到 A 点后（不用按键），向右拖动鼠标，会自动出现一条点状无穷长直线（见图4-8），沿点线移动鼠标到 C 点后，单击左键，即画出直线第一点。

6）提示指定下一点时，移动鼠标捕捉到 B 点后，向右拖动鼠标会出现点状无穷长直线

（见图 *4-8*），沿点线移动鼠标到 *D* 点后，会出现交点提示的亮显，单击左键即可完成直线 *CD*。

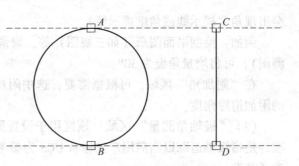

图 4-8　对象追踪应用举例

三、参考追踪

参考追踪是指在当前坐标系中，通过追踪其他参考点来确定点的方法。

参考追踪的常用方法是用"对象捕捉"工具栏上的两个按钮，一个是"临时追踪点" ，另一个是"捕捉自" 。

"临时追踪点"一般用于画第一点时的追踪（即第一点需画出）。

"捕捉自"一般用于画第二点时（或第一点），需要找一个参考点。

参考追踪是不经计算直接按图中所注尺寸绘图，且不出现重复（线压线）的最好绘图方式，当 AutoCAD 要求输入一个点时，就可以激活参考追踪。

例 4-3　已知矩形 *ABCD*，要画出图形 1234，在定位 1 点时，可用"捕捉自"按钮捕捉；画直线 56，定位 5 点时，可用"临时追踪点"按钮捕捉，如图 4-9 所示。

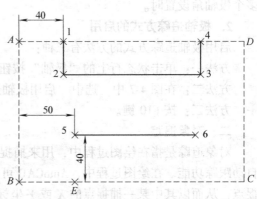

图 4-9　参考追踪应用举例

1）画图形 1234、定位点 1 的步骤：

① 输入直线命令，系统提示：指定第一点：

② 单击"捕捉自"按钮，系统提示：_from 基点：去捕捉 *A* 点（以该点为参考点）。

③ 系统提示：<偏移>：鼠标拖动极轴线向右导向，输入 40，按回车键，即得到 1 点。

④ 系统提示：指定下一点：其余按极轴提示线，依次输入得到 2、3、4 点，完成图形。

2）画直线 56、定位点 5 的步骤：

① 输入直线命令，系统提示：指定第一点：

② 单击"临时追踪点"按钮。

③ 系统提示：_tt 指定临时对象追踪点：单击 *B* 点（以 *B* 点为参考点）。

④ 系统提示：指定第一点：

⑤ 单击"临时追踪点"按钮。

⑥ 系统提示：_tt 指定临时对象追踪点：拖动极轴线沿 *B* 点水平向右导向，输入 50，回车，即 *E* 点处（以 *E* 点为第二个临时追踪点）。

⑦ 系统提示：指定第一点：

⑧ 拖动极轴线沿 *E* 点向上导向，输入 40，即得到点 5。

⑨ 系统提示：指定下一点：拖动极轴线向右导向，输入点 6，即完成直线 56。

四、快速作图

快速作图与精确作图是 AutoCAD 的一个显著优点，也是绘图工程技术人员所需要的。要做到快速作图与精确作图，必须要熟练运用本章所述的捕捉功能、对象追踪、参考追踪等知识。利用快速作图，可减少用偏移命令按尺寸画平行线，然后再修剪成形的做法。利用快速作图，可直接给出距离来作图，是有关绘图技能的综合应用，可大大提高作图速度。

1．快速绘制平面视图

一般应先作好如下设置：

1）关闭栅格、捕捉、正交、DYN 功能。

2）设置固定对象捕捉模式为：端点、中点、交点、切点、延伸点等。

3）设置极轴角度为 90°。

4）设置对象追踪为"仅正交追踪"。

5）按下（启用）"对象捕捉"、"极轴"、"对象追踪"按钮。

例 4-4　按尺寸 1∶1 绘制图 4-10 所示的轴零件主视图（假设绘图环境已设置完毕）。

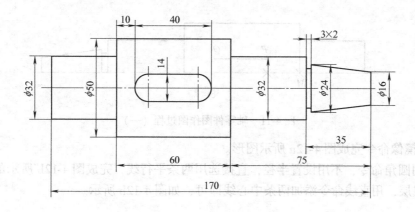

图 4-10　轴零件主视图

绘图步骤如下：

1）按下对象捕捉、极轴、对象追踪按钮，打开"对象捕捉"工具栏。

2）调出中心线层，用直线命令画出中心线。

3）调出粗实线层，用直线命令开始画线。

4）单击"对象捕捉"工具栏上的"最近点"按钮，捕捉中心线上一点 A，拖动极轴提示线向上导向，输入 16，画出 B 点，如图 4-11a 所示。同理，拖动极轴提示线向右导向，输入 35 画出 C 点。

5）单击"捕捉自"按钮，捕捉到 M 点；向上导向输入偏移距离 25，得到 D 点；向右导向，输入 60 得到 E 点；向下导向，用鼠标捕捉到 C 点的延长线得到交点 F 点；向右导向输入 35 得到 G 点。单击"捕捉自"按钮，向下导向捕捉到 N 点，再向上导向输入偏移距离 10 得到 H 点；向右导向输入 3 得到 I 点；向上导向输入 2 得到 J 点，结束该命令。

6）再次调用直线命令，单击"捕捉自"按钮，捕捉到 A 点；向右导向输入偏移距离 170，得到 L 点；向上导向输入 8 得到 K 点，捕捉到 J 点，完成图 4-11a 所示图形。

7）再次调用直线命令完成图 4-11b 所示图形。

8）再次调用直线命令，单击"临时追踪"按钮，捕捉到 M 点；再次单击"临时追踪"按钮，向右导向输入 17，得到一个临时点；向上导向输入 7 便得到 P 点，向右导向输入 26 便得到 Q 点，完成图 4-11c 所示图形。

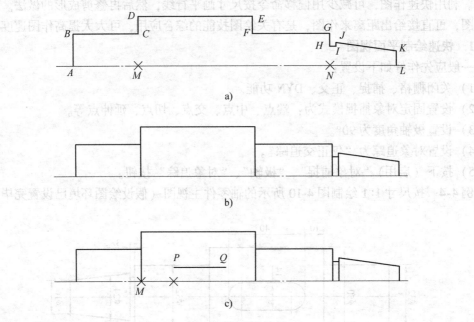

图 4-11　轴零件图作图过程（一）

9）用镜像命令完成图 4-12a 所示图形。

10）用圆角命令，不用设置半径，直接选用两条平行线，完成图 4-12b 所示的键槽；再打开中心线层，用直线命令添加两条中心线即可，如图 4-12b 所示。

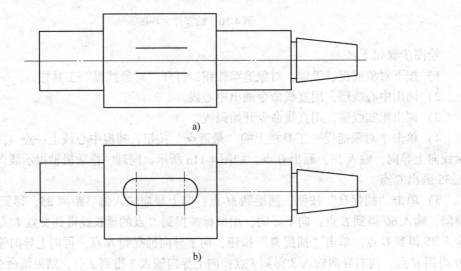

图 4-12　轴零件图作图过程（二）

☞ **注：**

图 4-10 的尺寸标注方法见第五章。

例 4-5　按尺寸绘制图 4-13 所示的轴承座三视图（图幅 A3，假设绘图环境已设置完毕）。

绘制此图的方法有两种：

方法一：按机械制图的形体分析法绘制。

方法二：一个视图一个视图地绘制。

按形体分析法绘制图 4-13 的绘图步骤如下：

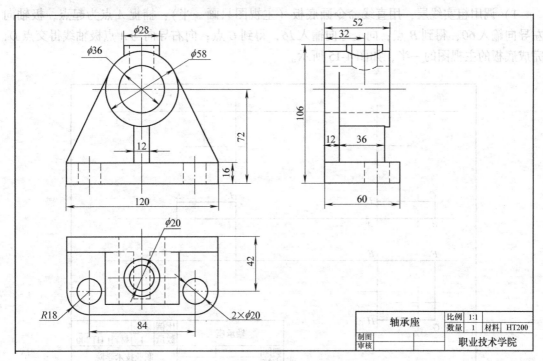

图 4-13 轴承座三视图

（1）按下"对象捕捉"、"极轴"、"对象追踪"按钮，打开"对象捕捉"工具栏。

（2）调出细实线层，用直线命令画出四条构架线，如图 4-14 所示。

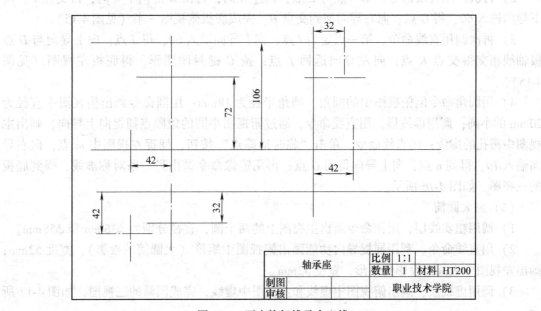

图 4-14 画出构架线及中心线

（3）调出中心线层，用"直线"、"偏移"、"打断"命令画出 10 条中心线，如图 4-14 所示。

（4）画底板：用"直线"、"圆"、"圆角"、"镜像"等命令画出底板。

1）调用粗实线层，用直线命令画底板（主视图只画一半）：捕捉 A 点为起点，极轴向左导向输入 60，得到 B 点；向上导向输入 16，得到 C 点；向右导向与 A 点极轴线得交点 D，完成底板的主视图的一半，如图 4-15 所示。

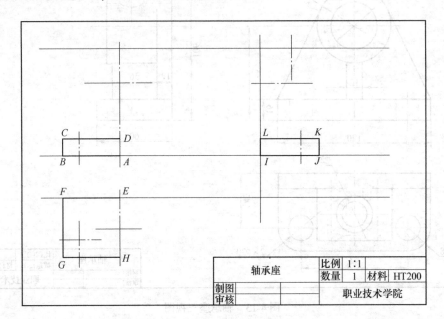

图 4-15 画底板三视图（一）

2）再次调用直线命令，第一点为 E 点；向左导向，再由 B 点向下导向，得交点 F；向下导向输入 60，得 G 点；向右导向回到交点 H，完成底板俯视图一半（见图 4-15）。

3）再次调用直线命令，第一点定为 I 点；向右导向输入 60，得 J 点；向上导向与 D 点极轴线相交得交点 K 点；向左导向返回 L 点；按 C 键封闭图形，得底板左视图（见图 4-15）。

4）用圆角命令倒俯视图中的圆角，圆角半径为 18mm；用圆命令画出俯视图中直径为 20mm 的小圆；调用虚线层，用直线命令，通过俯视图小圆的象限点捕捉向上导向，画出主视图中圆孔的虚线；用直线命令，单击"临时追踪点"按钮，捕捉左视图中 m 点，向右导向输入 10，得到 n 点，向上导向得到 O 点；再用镜像命令画出另一条对称虚线，得到底板的三视图，如图 4-16 所示。

（5）画大圆筒

1）调用粗实线层，用圆命令画出主视图上的两个圆，直径分别为 $\phi36$mm 和 $\phi58$mm。

2）用直线命令，利用捕捉导向功能画出俯视图中矩形（大圆筒的投影），宽度 52mm；画出左视图中大圆筒投影的矩形，宽度 52mm。

3）调用虚线层，画出俯视图中虚线和左视图中虚线，完成圆筒的三视图，如图 4-17 所示。

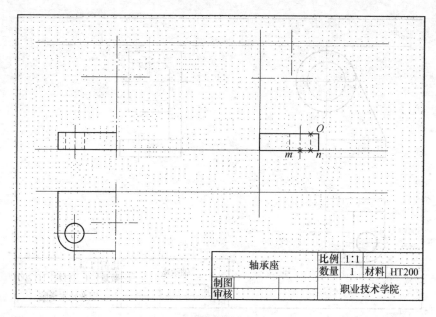

图 4-16 画底板三视图（二）

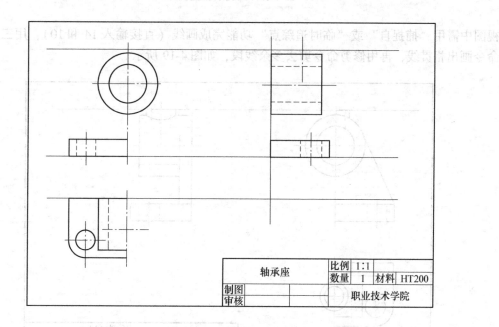

图 4-17 画大圆筒三视图

（6）画支承板。删除 3 条构架线，调用粗实线层，用直线命令分别画出主视中支承板的斜线。在俯、左视图画线时，可用"临时追踪点"按钮，捕捉端点后输入 12，利用主视图的切点导向得到支承板的投影线长，再用修剪命令剪去大圆筒多余的线段，用虚线补画上支承板在俯视图中的投影，完成图 4-18 所示图形。

（7）画小圆筒。调用粗实线层，画出俯视图上的两个小圆 $\phi20mm$ 和 $\phi28mm$，用直线命令由俯视图小圆的象限点向上导向，画线到构架线处，得到主视图的投影（包括虚线）。左

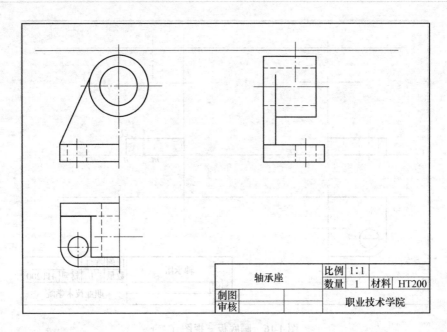

	轴承座	比例	1:1		
		数量	1	材料	HT200
制图			职业技术学院		
审核					

图 4-18　画支承板三视图

视图中需用"捕捉自"或"临时追踪点"功能完成画线（直接输入 14 和 10），用三点圆弧命令画出相贯线，再用修剪命令剪去多余线段，如图 4-19 所示。

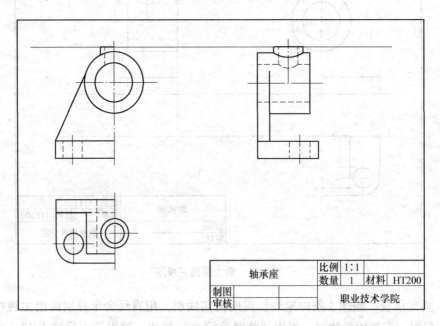

	轴承座	比例	1:1		
		数量	1	材料	HT200
制图			职业技术学院		
审核					

图 4-19　画小圆筒

（8）画肋板。删除构架线，用直线命令画出肋板的三面投影。主、左视图可用"捕捉自"按钮辅助绘图（输入尺寸 6 及 36），其余可利用极轴导向功能，完成后可得图 4-20 所示图形。

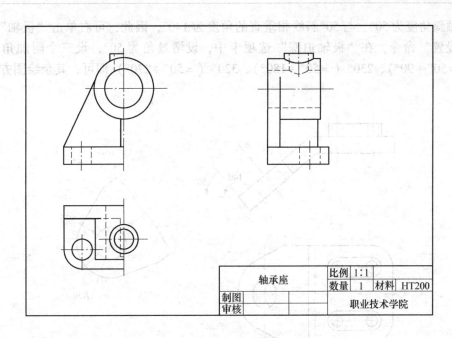

图 4-20 画肋板

（9）完成全图。用镜像命令将主视图和俯视图对称复制完成，得到轴承座的三视图，如图 4-21 所示。

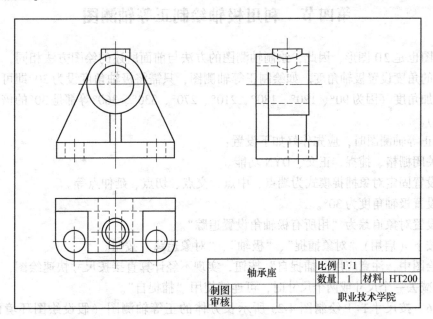

图 4-21 完成全图

2. 绘制斜视图

绘制斜视图的方法是将极轴角度设为斜视图倾斜的角度，如图 4-22 所示图形。主视图倾斜的部分，包括斜视图部分，在绘图时，只需将极轴角度设为该图形的倾斜角度。如图

4-22 中倾斜角度为 50°，与 50°斜线相垂直的角度为 140°，因此，可右单击"极轴"按钮，选择"设置"命令，在"极轴追踪"选项卡中，设增量角为 50°，设三个附加角分别为 140°（=50°+90°）、230°（=50°+180°）、320°（=50°+270°）即可，其余绘图方法与前面相同。

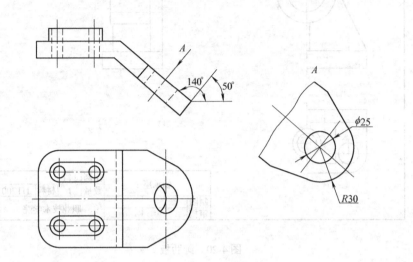

图 4-22　斜视图的绘制

第四节　利用极轴绘制正等轴测图

轴测图也是 2D 图形，因此，绘制轴测图的方法与前面所述的绘图方法相同，只是按轴测图所需的角度设置极轴角度。如绘制正等轴测图，只需将极轴角度设为 30°即可，并且不用设置附加角度（因为 90°、120°、180°、210°、270°、330°、360°等都是 30°的倍数，可自动捕捉到）。

绘制正等轴测图时，应先作好如下设置：

1）关闭栅格、捕捉、正交、DYN 功能。

2）设置固定对象捕捉模式为端点、中点、交点、切点、延伸点等。

3）设置极轴角度为 30°。

4）设置对象追踪为"用所有极轴角设置追踪"。

5）按下（启用）"对象捕捉"、"极轴"、"对象追踪"按钮。

6）绘图中，注意应用"捕捉自"按钮，实现不经计算直接按尺寸快速绘图，如要从一个尺寸中减去一个尺寸或两个尺寸时，可连续使用"捕捉自"。

例 4-6　按尺寸 1:1 绘制图 4-23 所示长方体的正等轴测图（假设绘图环境已设置完毕）。

绘图步骤如下：

1）输入直线命令，单击某点 A，拖动极轴线导向 30°方向，出现极轴线，直接输入长度 80，得到 B 点；再拖动极轴线导向为 330°方向，输入 50，得到 C 点；拖动极轴线导向 210°方向，输入 80，得到 D 点；按 C 键封闭图形，得矩形 ABCD。

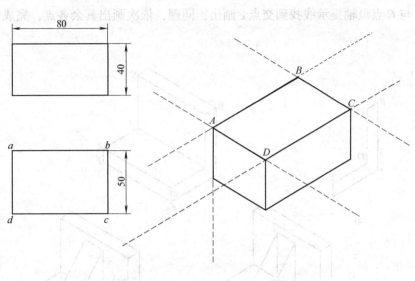

图 4-23　利用极轴绘制长方体的正等轴测图

2）再次调用直线命令，捕捉到 *A* 点；向下导向，输入高度 40，得到一点；再沿极轴线导向，依次作出其余各点，即可完成图 4-23 中所示的正等轴测图（图中虚线为绘图过程中出现的极轴提示线）。

例 4-7　按三视图尺寸绘制图 4-24 所示的正等轴测图（假设绘制环境已设置完毕，图幅为横 A4）。

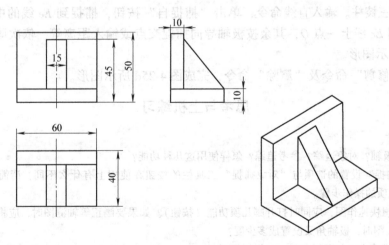

图 4-24　绘制正等轴测图图例

绘图步骤如下：

1）调用粗实线层，输入直线命令，从 *A* 点开始画图，拖动极轴线向上导向，给出距离 *50*，画出 *B* 点；向 *330°* 导向，输入 *10*，画出 *C* 点；向下导向，输入 *40*，画出 *D* 点，向 *330°* 导向，输入 *30*，画出 *E* 点，向下导向，输入 *10*，得到 *F* 点，按 C 键封闭图形，得到图 4-25a 所示图形。

2）再次调用直线命令，从 *B* 点开始画图，按极轴导向 *30°*，输入距离 *60* 画出 *b* 点，向

330°导向，与 *C* 点极轴提示线找到交点 *c* 画出，同理，依次画出其余各点，完成图 4-25b 所示图形。

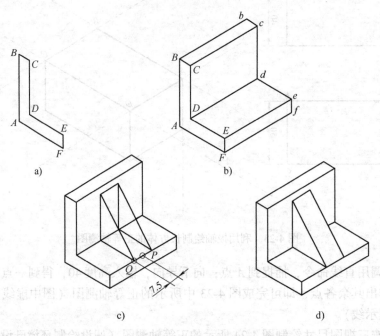

图 4-25　按尺寸绘制正等轴测图

3）绘制三棱柱。输入直线命令，单击"捕捉自"按钮，捕捉到 *Ee* 线的中点 *P*，偏移 7.5mm，得到 *Ee* 线上一点 *Q*，其余按极轴导向捕捉交点或输入距离等，依次画出各点，完成图 4-25c 所示图形。

4）用"修剪"命令及"删除"命令，完成图 4-25d 所示图形。

思考与上机练习

复习与思考

1. 什么是极轴？对象追踪？参考追踪？怎样使用这几种功能？

2. "对象捕捉"设置的选项与"对象捕捉"工具栏的按钮在使用上有什么不同？请简述设置固定的"对象捕捉"选项的操作步骤。

3. 如果要想快速作图，应同时打开哪几项功能（按钮）？如果要画正等轴测图时，应将极轴角设置为多少度？画平面图时，极轴角又设置成多少度？

4. 什么是模型空间与图纸空间？怎样切换？

5. "临时追踪"与"捕捉自"按钮用于什么情况？举例说明其用途。

上机练习

练习1　选用 A3 图幅，设置粗实线、细实线、虚线、点画线等，画出图 4-13 所示标题栏（标题栏尺寸见第五章上机练习1，然后作出如下设置：

1）关闭栅格、捕捉、正交、DYN 功能。

2）设置固定对象捕捉模式为：端点、中点、交点、切点、延伸点等。

3）设置极轴角度为90°。

4）设置对象追踪为"仅正交追踪"。

5）按下（启用）"对象捕捉"、"极轴"、"对象追踪"按钮。

抄画图 4-13 所示的"轴承座"三视图（不标注尺寸）。

练习 2　参照上述设置，抄画图 4-10 所示的轴零件主视图。

练习 3　参照上述设置，抄画图 4-26 所示的图形。

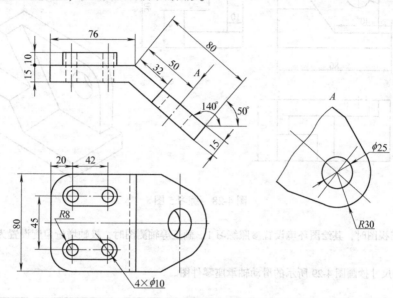

图 4-26　练习 3 图

提示：画斜视图时，参照图 4-26 中图形倾斜的角度设置极轴角度。设置增量角为 50°，附加角分别为 140°、230°、320°。

练习 4　抄画图 4-27 所示的三视图与轴测图。

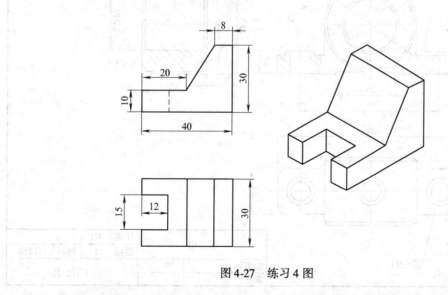

图 4-27　练习 4 图

提示：画三视图时，其绘图环境设置参照练习 1。画正等轴测图时，极轴增量角度设置为 30°即可，不设附加角度。

练习 5　抄画图 4-28 所示的三视图与轴测图。

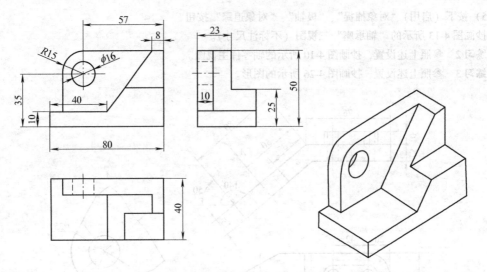

图 4-28   练习 5 图

提示：画三视图时，其绘图环境设置参照练习 1。画正等轴测图时，极轴增量角度设置为 30°即可，不设附加角度。

练习 6   按尺寸抄画图 4-29 所示的滑动轴承座零件图。

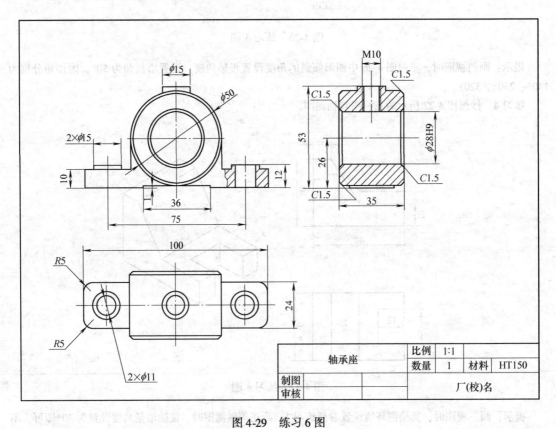

轴承座	比例	1:1		
	数量	1	材料	HT150
制图			厂(校)名	
审核				

图 4-29   练习 6 图

练习 7   抄画图 4-30 所示的组合体三视图。

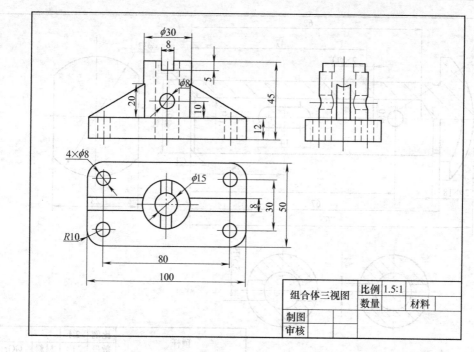

图 4-30　练习 7 图

练习 8　抄画图 4-31 所示的轴零件图。

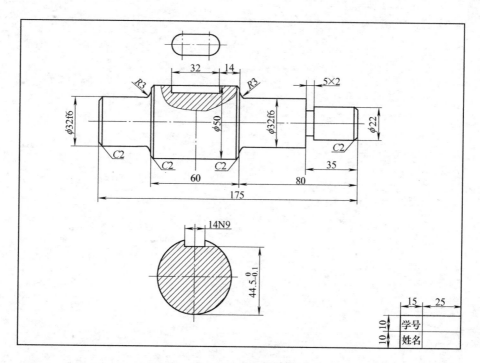

图 4-31　练习 8 图

练习 9　抄画图 4-32 所示的顶杆零件图。

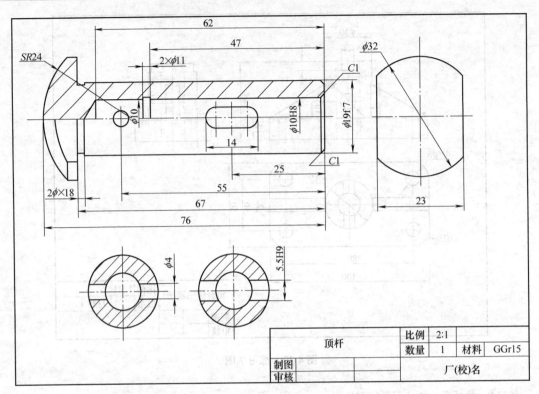

图 4-32　练习 9 图

第五章 尺寸与文字标注

AutoCAD 提供了许多标注对象及设置标注格式的方法，可以方便地为工程图形创建各种标注。

本章主要介绍以下内容：

- 尺寸标注要素与类型
- 尺寸标注与尺寸标注样式的设置
- 尺寸公差与形位公差的标注
- 文字样式设置与文字注写

第一节 尺寸标注要素与类型

一、尺寸标注要素

典型的尺寸标注要素如图 5-1 所示。

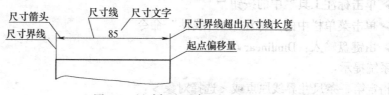

图 5-1 尺寸标注要素

二、尺寸标注类型

各种标注类型如图 5-2 所示。

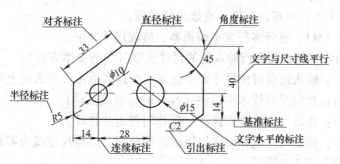

图 5-2 常见的尺寸标注类型

第二节 尺寸标注与尺寸标注样式的设置

一、尺寸标注

标注时，先打开"标注"工具栏，如图 5-3 所示。

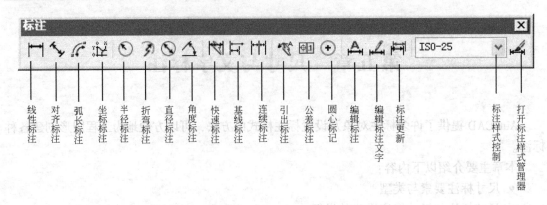

图 5-3 "标注"工具栏

在图示的"标注样式控制"下拉列表中，选择标注尺寸所需的标注样式（标注样式的建立见本节二、尺寸标注样式的设置），图 5-3 中为"ISO-25"样式。

1. 线性标注

功能：标注水平或垂直的线性尺寸，可通过捕捉两个点来创建标注，也可创建尺寸线和尺寸界限旋转的标注。

输入命令的方式：

➤ 单击标注工具栏中的按钮 ⊢⊣

➤ 单击菜单栏中的"标注"/"线性"命令

➤ 由键盘输入：Dimlinear↙

系统提示：

指定第一条尺寸界线原点或＜选择对象＞：

指定第二条尺寸界线原点：指定尺寸线位置或

[多行文字(M)/文字(T)/角度(A)/水平(H)/垂直(V)/旋转(R)]：

标注文字 = 141.73

1）＜选择对象＞：可按回车键，直接选择线段。

2）多行文字（M）：打开多行文本编辑器，修改尺寸文字。

3）文字（T）：直接在命令行输入新的尺寸文字（单行文本方式）。

4）角度（A）：输入角度可使尺寸文字旋转一个角度标注（字头向上为零角度）。

5）水平（H）：指定尺寸线水平标注（操作时可直接拖动）。

6）垂直（V）：指定尺寸线垂直标注（操作时可直接拖动）。

7）旋转（R）：指定尺寸线和尺寸界限旋转的角度（以原尺寸线为零起点）。

线性标注图例如图 5-4 所示。

2. 对齐标注

功能：创建一个与标注点对齐的标注，用于标注倾斜的线性尺寸。

输入命令的方式：

➤ 单击标注工具栏中的"对齐标注"按钮 ⟍

➤ 单击菜单栏中的"标注"/"对齐"命令

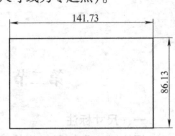

图 5-4 线性标注示例

➤ 由键盘输入：Dimaligned ↙

系统提示：

指定第一条尺寸界线原点或＜选择对象＞：

指定第二条尺寸界线原点：

指定尺寸线位置或

［多行文字（M）/文字（T）/角度（A）］：

标注文字＝63.6

对齐标注示例如图5-5所示。

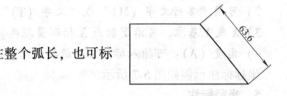

图5-5　对齐标注示例

3.弧长标注

功能：用于标注圆弧的弧长，它可标注整个弧长，也可标注部分指定的弧长。

输入命令的方式：

➤ 单击标注工具栏中的"弧长标注"按钮

➤ 单击菜单栏中的"标注"/"弧长"命令

➤ 由键盘输入：Dimarc ↙

系统提示：

选择弧线段或多段线弧线段：

指定弧长标注位置或［多行文字（M）/文字（T）/角度（A）/部分（P）/］：

标注文字＝138.57

☞ 注：

1）若直接给出尺寸线位置，系统将按测定尺寸数字并加上圆弧符号完成标注。

2）文字（T）：可重新指定尺寸数字，系统会自动加上圆弧符号。

3）多行文字（M）：可打开多行文字编辑器重新指定尺寸数字。

4）角度（A）：可旋转标注文字的角度。

5）部分（P）：选择此项后，需在弧上任意指定两点标注长度。

弧长标注示例如图5-6所示。

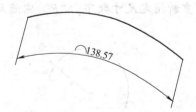

标注选中的整段弧长

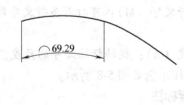

标注指定的两点间弧长

图5-6　弧长标注示例

4.坐标标注

功能：相对于当前坐标系的原点，标注图形中特征点的 X 和 Y 坐标值。

输入命令的方式：

➤ 单击标注工具栏中的"坐标标注"按钮

➤ 单击菜单栏中的"标注"/"坐标"命令

➢ 由键盘输入：Dimordinate ↙

系统提示：

指定点坐标：<u>选择引线的起点</u>

指定引线端点或 ［X 基准(X)/Y 基准(Y)/多行文字(M)/文字(T)/角度(A)］：

标注文字 =715.6

☞ 注：

1）若直接指定引线的端点，可按测量值标注。

2）可用"多行文字（M）"或"文字（T）"编辑标注文字。

3）X 或 Y 基准，可沿 Y 轴或 X 轴测量距离。

4）角度（A）：可输入标注文字旋转的角度。

坐标标注示例如图 5-7 所示。

5．半径标注

功能：标注圆弧的半径。

输入命令的方式：

➢ 单击标注工具栏中的"半径标注"按钮◎

➢ 单击菜单栏中的"标注"／"半径"命令

➢ 由键盘输入：Dimradius ↙

系统提示：

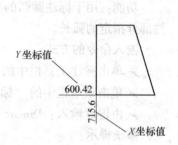

图 5-7　坐标标注示例

选择圆弧或圆：

标注文字 =22

指定尺寸线位置或 ［多行文字(M)/文字(T)/角度(A)］：<u>拖动鼠标确定尺寸线位置或</u>

<u>按选项</u>

☞ 注：

1）若直接给出尺寸线位置，系统将按测定尺寸数字并加上半径符号"R"完成标注。

2）文字（T）：可在命令行（单行文字）重新指定尺寸数字，"R"需随尺寸数字一起输入。

3）多行文字（M）：可打开多行文字编辑器重新指定尺寸数字，"R"需随尺寸数字一起输入。

4）角度（A）：旋转标注文字的角度。

半径标注示例如图 5-8 所示。

6．折弯标注

功能：用于折弯标注大圆弧的半径等。

输入命令的方式：

➢ 单击标注工具栏中的"折弯标注"按钮

➢ 单击菜单栏中的"标注"／"折弯"命令

➢ 由键盘输入：Dimjogged ↙

系统提示：

选择圆弧或圆：

指定中心位置替代：

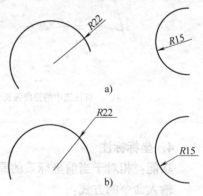

图 5-8　半径标注示例
a）文字与尺寸线平行的标注样式
b）文字水平的标注样式

标注文字 = 117.14

指定尺寸线位置或 [多行文字(M)/文字(T)/角度(A)]:

指定折弯位置:

☞ 注:

1) 折弯标注需指定大圆弧中心的替代位置、尺寸线放置位置、折弯位置等。

2) 折弯角度可在标注样式中进行设置，默认为90°，图5-9中为用户自设的折弯角度30°。

折弯标注示例如图5-9所示。

7. 直径标注

功能：标注圆和圆弧的直径。

输入命令的方式：

➤ 单击标注工具栏中的"直径标注"按钮 ◎

➤ 单击菜单栏中的"标注"/"直径"命令

➤ 由键盘输入：Dimdiameter ↙

系统提示：

选择圆弧或圆：

标注文字 = 40

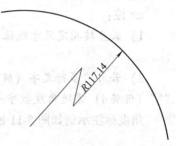

图5-9 折弯标注示例

指定尺寸线位置或 [多行文字(M)/文字(T)/角度(A)]：拖动鼠标确定尺寸线位置或

按选项

☞ 注:

1) 若直接给出尺寸线位置，系统将按测定尺寸数字并自动加上直径符号"φ"完成标注。

2) 文字（T）：可在命令行（单行文字）重新指定尺寸数字，但直径符号"φ"（%%c）需随尺寸数字一起输入。

3) 多行文字（M）：可打开多行文字编辑器重新指定尺寸数字，但直径符号"φ"（%%c）需随尺寸数字一起输入。

4) 角度（A）：旋转标注文字的角度。

直径标注示例如图5-10所示。

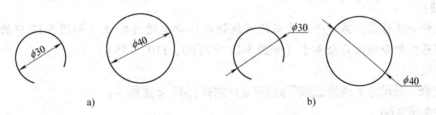

图5-10 直径尺寸标注示例

a) 文字与尺寸线平行的标注样式　b) 文字水平的标注样式

8. 角度标注

功能：用于标注不平行直线、圆弧或圆上两点间的角度。

输入命令的方式：

➤ 单击标注工具栏中的"角度标注"按钮 △

➤ 单击菜单栏中的"标注"／"角度"命令

➤ 由键盘输入：Dimangular↙

系统提示：

选择圆弧、圆、直线或<指定顶点>：

选择第二条直线：

指定标注弧线位置或[多行文字(M)/文字(T)/角度(A)]：

标注文字 = 40

☞注：

1) 若直接指定尺寸线位置，系统将按测定的角度数字自动加上角度符号"°"完成标注。

2) 若用"多行文字 (M)"或"文字 (T)"选项重新指定角度数字时，角度单位符号"°"（%%d）需随角度数字一起输入。

角度标注示例如图5-11所示。

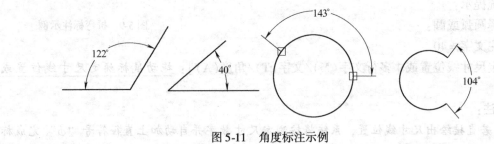

图 5-11　角度标注示例

9. 基线标注

功能：创建从同一个基准引出的标注（即多个尺寸使用同一条尺寸界线）。

输入命令的方式：

➤ 单击标注工具栏中的"基线标注"按钮

➤ 单击菜单栏中的"标注"／"基线"命令

➤ 由键盘输入：Dimbaseline↙

☞注：

基线命令操作前，第一个尺寸必须用线性标注命令进行标注（如图5-12中的28），然后再使用基线命令标注其余尺寸（如图5-12中的60、110、155）。

系统提示：

指定第二条尺寸界线原点或[放弃(U)/选择(S)]<选择>：

标注文字 = 60

指定第二条尺寸界线原点或[放弃(U)/选择(S)]<选择>：

标注文字 = 110

指定第二条尺寸界线原点或[放弃(U)/选择(S)]<选择>：

标注文字 = 155

指定第二条尺寸界线原点或[放弃(U)/选择(S)]<选择>：

基线尺寸标注示例如图5-12所示。

☞ **注：**

1）选项"放弃（U）"：可撤消前一个基线尺寸。

2）选项"选择（S）"：重新指定基线尺寸第一尺寸界线的位置。

3）各基线尺寸间距离是在标注样式中设定的（见标注样式设置，常用 7～10mm）。

4）所注基线尺寸数值只能使用内测值，标注中不能重新指定。

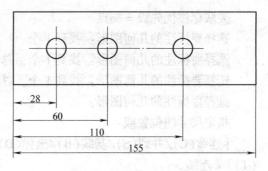

图 5-12　基线标注示例

10. 连续标注

功能：快速标注首尾相接的若干个连续尺寸。

输入命令的方式：

➤ 单击标注工具栏中的"连续标注"按钮 ⊞

➤ 单击菜单栏中的"标注"／"连续"命令

➤ 由键盘输入：Dimcontinue↙

☞ **注：**

连续命令操作前，第一个尺寸必须用线性标注命令进行标注（如图 5-13 中的 28），然后再使用连续尺寸命令标注其余尺寸（如图 5-13 中的 33、48）。

系统提示：

指定第二条尺寸界线原点或〔放弃(U)/选择(S)〕<选择>：

标注文字 =33

指定第二条尺寸界线原点或〔放弃(U)/选择(S)〕<选择>：

标注文字 =48

指定第二条尺寸界线原点或〔放弃(U)/选择(S)〕<选择>：

☞ **注：**

1）选项"放弃（U）"：可撤消前一个连续尺寸。

2）选项"选择（S）"：重新指定连续尺寸第一尺寸界线的位置。

3）所注连续尺寸数值只能使用内测值，标注中不能重新指定。

连续尺寸标注示例如图 5-13 所示。

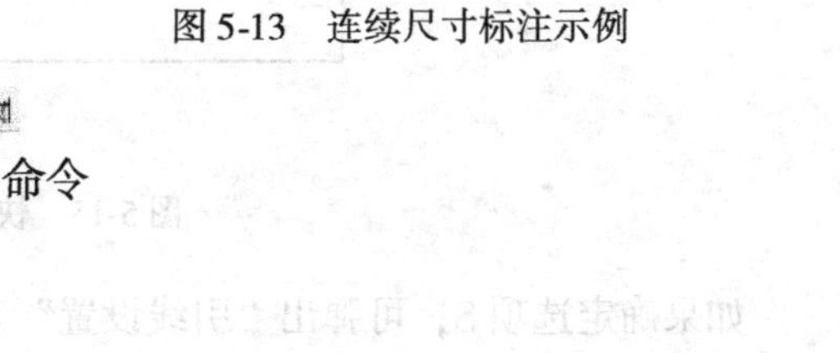

11. 快速标注

功能：能根据拾取到的几何图形自动判别标注类型并进行标注，包括线性尺寸、坐标尺寸、半径尺寸、直径尺寸、连续尺寸等，可一次标注多个对象，也可以创建成组的标注。

图 5-13　连续尺寸标注示例

输入命令的方式：

➤ 单击标注工具栏中的"快速标注"按钮 ⊠

➤ 单击菜单栏中的"标注"／"快速标注"命令

➤ 由键盘输入：Qdim↙

系统提示：

关联标注优先级 = 端点

选择要标注的几何图形：找到 1 个

选择要标注的几何图形：找到 1 个，总计 2 个

选择要标注的几何图形：找到 1 个，总计 3 个

选择要标注的几何图形：

指定尺寸线位置或

[连续(C)/并列(S)/基线(B)/坐标(O)/半径(R)/直径(D)/基准点(P)/编辑(E)/设置(T)] <连续>：

☞**注：**

在出现上述提示时，若回车（或单击右键），系统则按当前的选项对象进行快速标注，否则用户可以根据提示输入一个选项完成标注。

例如，图 5-14 所示为拾取了 1、2、3 三条直线后，系统自动判断标注出三个连续的尺寸。

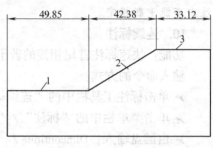

图 5-14 快速标注示例

12. 快速引线标注

功能：创建用引线引出的说明文字标注，其引线可有箭头或无箭头，可以是直线，也可以是样条曲线，可以指定说明文字的位置，也可用于标注带引线的形位公差（形位公差标注见第三节）。

输入命令的方式：

➢ 单击标注工具栏中的"快速引线"按钮

➢ 单击菜单栏中的"标注"/"引线"命令

➢ 由键盘输入：Qleader↙

系统提示：

指定第一个引线点或 [设置(S)] <设置>：

指定下一点：

指定下一点：

指定文字宽度 <0.0000>：

输入注释文字的第一行 <多行文字(M)>：C2

输入注释文字的下一行：

快速引线标注例如图 5-15 所示。

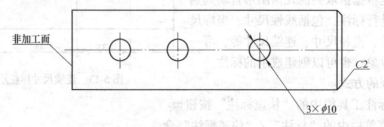

图 5-15 快速引线标注示例

如果确定选项 S，可弹出"引线设置"对话框，如图 5-16 所示。

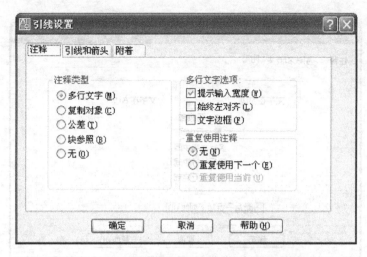

图 5-16 "引线设置"对话框中的"注释"选项卡

该对话框中有"注释"、"引线和箭头"、"附着"3 个选项卡。

在"注释"选项卡（见图 5-16）中，如进行一般的引线标注，可选择"多行文字"；如需要引线标注形位公差，可选择"公差"；如需要引线插入块，可选择"块参照"；如需要复制其他的引线标注，可选择"复制对象"。

在"引线和箭头"选项卡（见图 5-17）中，可选择引线是直线或样条曲线，引线是否带箭头，引线的转折点数（默认 3 点，两段线），各段线的角度约束等。

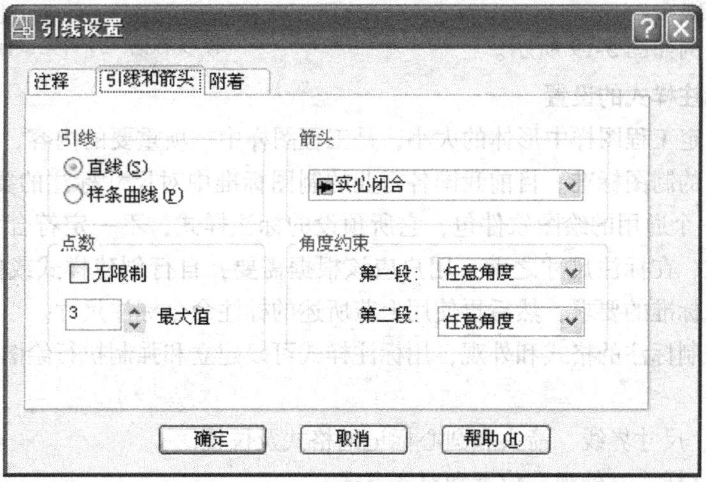

图 5-17 "引线设置"对话框中的"引线和箭头"选项卡

在"附着"选项卡（见图 5-18）中，如选中"最后一行加下划线"，可得到图 5-15 中倒角"C2"的标注及"非加工面"的标注样式，如不选中"最后一行加下划线"，则得到图 5-15 中"3×φ10"的标注样式。

13. 圆心标记

功能：绘制圆心标记。圆心标记有三种形式：无标记、中心线、十字标记。圆心标记的样式应在标注样式中设定（见本节二、尺寸标注样式的设置）。

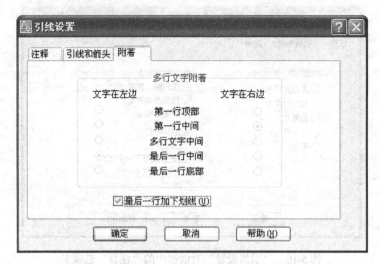

图 5-18　"引线设置"对话框中的"附着"选项卡

输入命令的方式：
➢ 单击标注工具栏中的"圆心标记"按钮⊙
➢ 单击菜单栏中的"标注"／"圆心标记"命令
➢ 由键盘输入：Dimcerter↙

系统提示：

选择圆或圆弧：

圆心标记示例如图 5-19 所示。

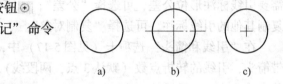

图 5-19　圆心标记示例

a）无标记　b）中心线标记　c）十字标记

二、尺寸标注样式的设置

尺寸用来确定工程图样中形体的大小，是工程图样中一项重要的内容，工程图样中的尺寸必须符合相应的制图标准。目前我国各行业的制图标准中对尺寸标注的要求不完全相同，而 AutoCAD 是一个通用的绘图软件包，它所预设的标注样式，不一定符合我国用户绘制图样的要求，因此，在标注尺寸之前，用户应该根据需要，自行创建样式或修改当前标注样式，以满足制图标准的要求，然后再使用上节所述的标注命令标注尺寸。

标注样式控制标注的格式和外观，用标注样式可以建立和强制执行绘图标准，标注样式内容主要有：

1）尺寸线、尺寸界线、箭头和圆心标记的格式及位置。

2）标注文字样式、外观、位置和对齐方式。

3）全局标注比例。

4）单位格式和精度。

5）公差值的格式和精度。

在创建标注时，可以基于 AutoCAD 当前的标注样式进行修改。如采用 AutoCAD 样板文件建立的图形文件，系统默认的标注样式为 Standard，标注单位是英制单位。如果开始绘制新的图形时选择米制单位，系统默认的标注样式为 ISO-25。

在绘制工程图样时，通常需要多种尺寸标注的形式，应把绘图中常用的尺寸标注形式创建为标注样式，在标注尺寸时，需要哪种标注样式，就将它设为当前标注样式，这样可提高绘图效率，且便于修改。

通常需要建立如下样式：

1）"文字与尺寸线平行"的标注样式（见图5-2）。

2）"文字水平"的标注样式（见图5-2）。

3）"角度"标注样式。

4）"尺寸公差"标注样式。

5）"小尺寸"标注样式。

6）"半标注"样式等。

下面以建立"文字与尺寸线平行"的标注样式为例，来介绍新建标注样式的方法。

1. 新建标注样式

输入命令的方式：

➢ 单击标注工具栏中的"标注样式"按钮

➢ 单击菜单栏中的"格式"/"标注样式"命令

➢ 由键盘输入：Dimstyle✓

打开"标注样式管理器"对话框，如图5-20所示。

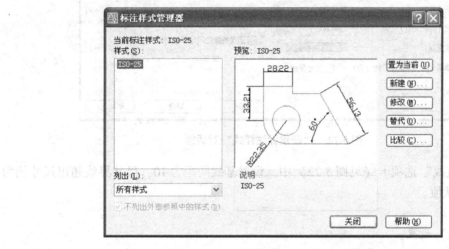

图5-20 "标注样式管理器"对话框

（1）在图5-20中单击"新建"按钮，弹出"创建新标注样式"对话框，如图5-21所示。

在图5-21中的"新样式名"输入框中，输入要创建的新样式名称，如"文字与尺寸线平行样式"（默认为ISO-25）。

在"基础样式"输入框中，选择原基础样式的名称，即新样式在哪种样式的基础上进行修改，当前的选择为"ISO-25"。

在"用于"输入框中，选择"所有标注"。

图5-21 "创建新标注样式"对话框

☞**注：**

在"用于"输入框中，也可选择新样式用于特定的标注类型，例如"直径标注"或"半径标注"等，此时，新建样式将成为原基础样式 ISO-25 的子样式，新样式名便不可用了。在使用 ISO-25 样式标注尺寸时，当用到直径标注或半径标注时，便自动按该子样式进行标注，故一般新建样式时，"用于"输入框中都选择"所有标注"。

（2）单击图 5-21 中的"继续"按钮，打开"新建标注样式"对话框，如图 5-22 所示。

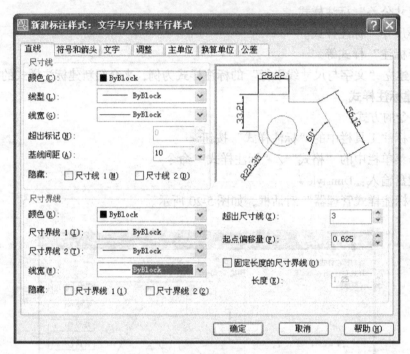

图 5-22 "新建标注样式"对话框

（3）在"直线"选项卡（见图 5-22）中，设置基线间距为 10，尺寸界线超出尺寸线为 3，其余采用默认值。

☞**注：**

1）"尺寸线"设置：

颜色（C）：用于设置尺寸线的颜色，一般采用默认（ByBlock 随块），也可从右侧的下拉列表中修改。

线型（L）：一般采用默认（ByBlock 随块），也可从右侧的下拉列表中为尺寸线选择不同的线型。

线宽（G）：一般采用默认（ByBlock 随块），也可从右侧的下拉列表中为尺寸线选择不同的线宽。

超出标记（N）：当尺寸线终端为斜线时，尺寸线超出尺寸界线的长度，默认为 0。

基线间距（A）：指定基线标注时两尺寸线间的距离（一般设为 7～10mm）。

隐藏：选中方框隐藏"尺寸线 1"或"尺寸线 2"，主要用于半剖视图中的半标注。

2）"尺寸界线"设置：

隐藏：用于隐藏"尺寸界线 1"或"尺寸界线 2"，配合半标注用。

（4）在"符号和箭头"选项卡（见图5-23）中，设置箭头大小为4，半径折弯角度为30°，其余采用默认。

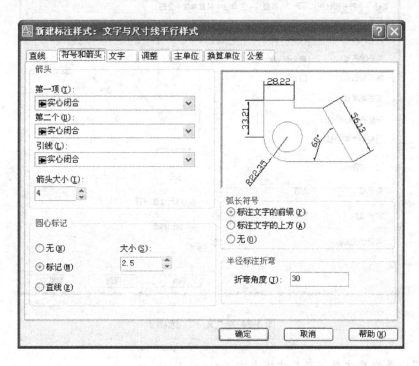

图5-23　"符号和箭头"选项卡

☞ **注**：

1）"箭头"设置：

第一项（T）：可用于设置第一个尺寸箭头的样式（即有无箭头，箭头样式等）。

第二个（D）：可用于设置第二个尺寸箭头的样式（即有无箭头，箭头样式等）。

引线（L）：可用于设置引线标注时，有无箭头及箭头样式。

箭头大小（I）：一般为3～5mm左右（该项也可用于设置45°斜线长，圆点大小等）。

2）"圆心标记"：可选择无（N）、标记（M）、直线（E）三种，并可设置圆心标记的大小。

3）"弧长符号"：可设置弧长符号标注在尺寸数字的前缀、上方或无弧长符号等。

4）"半径标注折弯"：可设置半径折弯标注时的角度，默认为90°。

（5）在"文字"选项卡（见图5-24）中，设置文字高度为3.5，文字位置垂直为上方，水平为置中，从尺寸线偏移为1，文字对齐方式为与尺寸线对齐，其余采用默认值。

☞ **注**：

1）"文字样式"设置：右边的下拉列表中可选择尺寸文字的样式，单击"…"按钮可弹出新建文字样式对话框，可用于设置新的文字标注样式。

2）"文字位置"设置：

垂直（V）：控制尺寸数字沿尺寸线垂直方向的位置（有置中、上方、外部）。

"置中"：是指尺寸数字在尺寸线中断处。

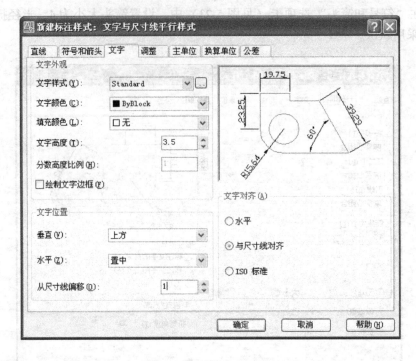

图 5-24 "文字"选项卡

"上方": 是指尺寸数字在尺寸线上方。

"外部": 是指尺寸数字在尺寸线外 (远离图形一边)。

水平 (Z): 控制尺寸数字沿尺寸线水平方向的位置。

"置中": 是指文字水平居中。

"第一条尺寸界线": 是指尺寸数字靠向第一条尺寸界线。

"第二条尺寸界线": 是指尺寸数字靠向第二条尺寸界线。

"第一条尺寸界线上方": 是指将尺寸数字放在第一条尺寸界线上方并平行于第一条尺寸界线。

"第二条尺寸界线上方": 是指将尺寸数字放在第二条尺寸界线上方并平行于第二条尺寸界线。

"从尺寸线偏移": 是指尺寸数字底部与尺寸线之间的间隙 (一般为 0.6~2mm)。

3) 文字对齐有"水平、与尺寸线对齐、ISO 标准":

"水平": 是指尺寸数字字头永远向上, 用于引出标注和角度标注。

"与尺寸线对齐": 是指尺寸数字与尺寸线平行, 用于直线尺寸标注。

"ISO 标准": 是指符合国际制图标准, 尺寸数字在尺寸界线内时与尺寸线平行, 在尺寸界线外时字头永远向上。

(6) "调整"选项卡用于调整各尺寸要素之间的相对位置, 如图 5-25 所示。此处默认或选中为"手动放置文字"(即标注尺寸时可手动确定尺寸数字的放置位置)。

(7) "主单位"选项卡, 如图 5-26 所示, 用于设置基本尺寸的单位格式和精度、尺寸数字的前缀和后缀等。此处设置小数分隔符为"句点"(默认为"逗点"), 其余默认。

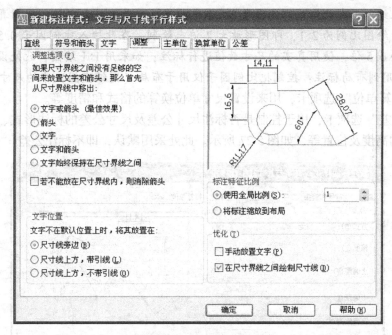

图 5-25 "调整"选项卡

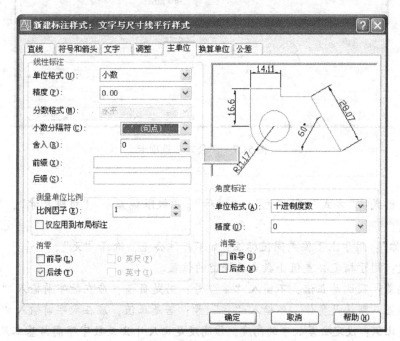

图 5-26 "主单位"选项卡

☞ **注：**

1）线性标注："前缀"用于尺寸数字的前缀，如圆尺寸要加"ф"（%%c）。"后缀"用于尺寸数字的后缀，如非线性尺寸要加"°"（%%d）。

2）测量单位比例："比例因子"用于直接标注形体的真实大小。按绘图比例，输入相应的数值，图中的尺寸数字将会乘以该数值注出，默认为1。例如：绘图比例为1:2，即图形缩小 2 倍来绘制，在此输入比例因子 2，系统就将把测量值扩大 2 倍，使用真实的尺寸数值进行标注；绘图比例为 2:1，即图形放大 2 倍来绘制，在此输入比例因子 0.5，系统就将把测量值缩小 0.5 倍，使用真实的尺寸数值进行标注；如采用 1:1 绘图，此处设为 1。

3）仅应用到布局标注：控制把比例因子仅用于布局（图纸空间）中的尺寸。

（8）"换算单位"选项卡，用来设置尺寸单位换算的格式和精度等。

（9）"公差"选项卡，用于控制是否标注尺寸公差及尺寸公差的标注形式、公差值大小及公差数字的高度及位置等，如图 5-27 所示。此处采用默认，即不标注公差。

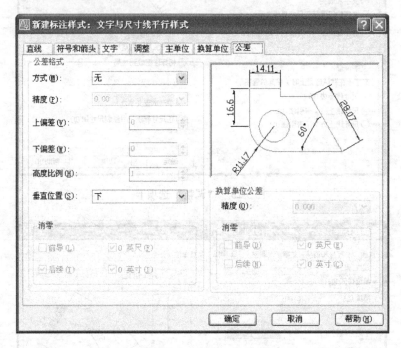

图 5-27   "公差"选项卡

☞ 注：

1）公差格式："方式"有"无"、"对称"、"极限偏差"、"极限尺寸"、"基本尺寸"等五项选择。

2）"对称"：用于上下偏差同值标注，如不标注公差，选择"无"。

3）精度：用于指定公差值小数点后保留的位数。

4）上偏差：默认是正值，不输入"＋"号；若是负值，应在数字前输入"－"号。

5）下偏差：默认是负值，不输入"－"号；若是正值，应在数字前输入"－"号。

6）高度比例：设定公差数字的高度，该高度是由尺寸公差数字字高与基本尺寸数字高度的比值来确定的（一般可输入 0.5，表示尺寸公差数字高度是基本尺寸数字高度的 0.5 倍）。

7）垂直位置：用于设置偏差数字相对于基本尺寸数字的位置，有"上"、"中"、"下"三种选择，一般可选"中"。

设置完成后，单击"确定"按钮，返回到图 5-20，此时，在"样式"框中将会出现刚设置的样式名称"文字与尺寸线平行样式"，如图 5-28 所示，单击"关闭"按钮，即完成样式设置。

在此例所设置的"文字与尺寸线平行样式"中，基于 ISO-25 所作的改变有以下几项：

a）在"直线"选项卡中，将基线间距设为 10，尺寸界线超出尺寸线设为 3。

b）在"符号和箭头"选项卡中，将尺寸箭头大小设为 4，半径折弯角度设为 30°。

c）在"文字"选项卡中，设置文字高度为 3.5，设置文字对齐为："与尺寸线对齐"（即文字与尺寸线平行）。

d）在"主单位"选项卡中，设置小数分隔符为"句点"。

例 5-1 基于"文字与尺寸线平行"的标注样式，建立"文字水平"的标注样式（该样式可用于标注角度尺寸）。

操作步骤如下：

1）在图 5-28 中的样式列表中，选择"文字与尺寸线平行样式"，单击"新建"按钮。

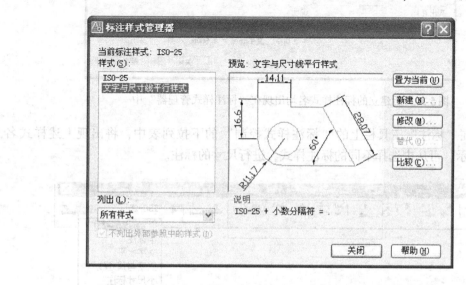

图 5-28 "文字与尺寸线平行样式"出现在"标注样式管理器"中

2）在出现的图 5-29 中，输入新样式名称为"文字水平"，选择基础样式为"文字与尺寸线平行样式"，选择用于为"所有标注"，单击"继续"按钮。

3）在"文字"选项卡中，将文字对齐修改为"水平"，其余不变，单击"确定"按钮，完成设置。

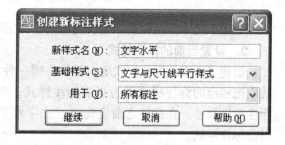

图 5-29 基于"文字与尺寸线平行样式"创建"文字水平"的标注样式

例 5-2 基于"文字与尺寸线平行样式"，建立"半标注"标注样式。

操作步骤同例 5-1，新样式名为"半标注"，所作的修改是在"直线"选项卡中，选择隐藏"尺寸线 2"和隐藏"尺寸界线 2"即可，其余不变。

例 5-3 基于"文字与尺寸线平行样式"，建立"小尺寸标注"的标注样式。

操作步骤同例 5-2，新样式名为"小尺寸标注"，所作的修改是在"符号和箭头"选项卡中，将两个箭头改为"圆点"，大小改为 2 即可，其余不变。

进行上述 4 例设置后，在标注样式管理器中将出现上述的 4 个样式名，如图 5-30 所示。

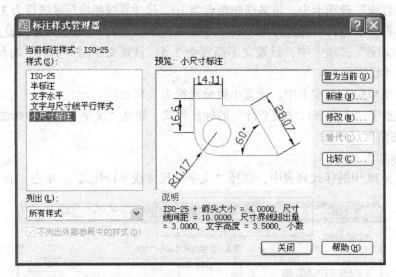

图 5-30　所建立的标注样式名均出现在"标注样式管理器"中

同时，在"标注"工具栏上的"标注样式控制"的下拉列表中，将出现上述样式名，如图 5-31 所示，可从中选择不同的标注样式，进行尺寸的标注。

图 5-31　在"标注"工具栏中出现所建立的标注样式名

上述小尺寸标注和半标注示例如图 5-32 所示。

2. 设置当前的标注样式

创建了所需的标注样式后，要标注哪一种尺寸时，就应把相应的标注样式设为当前标注样式。例如，要标注角度尺寸，在标注之前应先将"文字水平"设为当前标注样式。

设置当前标注样式的最快捷的方法是，在图 5-31 所示的"标注"工具栏中，单击"标注样式控制"按钮，选择某一种标注样式即可，选中的标注样式即作为当前标注样式显示在"标注"工具栏中。

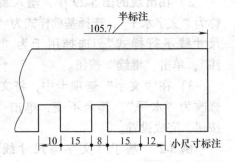

图 5-32　小尺寸标注和半标注示例

3. 修改标注样式

若要修改某一标注样式，可按以下步骤操作。

1）单击"标注"工具栏上的"标注样式"按钮，弹出图 5-30 所示的"标注样式管理器”对话框。

2）在“样式”列表中选择要修改的标注样式，然后单击“修改”按钮。

3）在“修改标注样式”对话框中进行所需的修改（与创建新样式的方法类似）。

4）修改完后，单击“确定”按钮，返回“标注样式管理器”，再单击“关闭”按钮即可。

☞**注**：

修改后，所有按该标注样式标注的尺寸（包括已标注的尺寸和将要标注的尺寸），均自动按新修改的标注样式更新。

4．标注样式的替代

标注样式的替代功能，用于个别尺寸的标注。

在进行尺寸标注时，常常有个别尺寸与所设标注样式相近但不相同，若修改相近的标注样式，将使所有用该样式标注的尺寸都改变，若再创建新的标注样式又显得很繁琐，替代功能可为用户设置一个临时的标注样式。

替代方法为：

1）单击“标注”工具栏上的“标注样式”按钮，弹出“标注样式管理器”对话框。

2）在“样式”列表中选择相近的标注样式，然后单击“替代”。

3）在“替代当前样式”对话框中进行所需的修改。

4）单击“确定”按钮，返回“标注样式管理器”，将自动生成一个临时标注样式，并自动设置为当前标注样式，且在“样式”列表中显示名为“样式替代”。

5）“关闭”对话框，进行所需标注。

6）直至设下一个需要的样式为当前样式时，系统才会自动取消该替代样式。

例如：

① 标注上下偏差时，可设“公差”样式为当前样式，用替代功能标注不同的偏差。

② 标注连续小尺寸时，可基于“小尺寸标注”样式，只修改箭头（即尺寸起至符号），创建“连续小尺寸1”，“连续小尺寸2”等替代样式。

③ 标注小角度时，由于尺寸数字不能放在尺寸线内，可建立基于角度标注样式的替代样式，只修改“文字”选项卡中“文字”位置区，在“垂直”下拉列表中选择“外部”。

三、尺寸标注的修改

当一个尺寸标注完毕后，也可以进行修改。

1．编辑标注

功能：修改尺寸数字，旋转尺寸数字，使尺寸界线倾斜等。

输入命令的方式：

➢ 单击标注工具栏上的“编辑标注”按钮 ⚐

➢ 由键盘输入：Dimedit ✓

系统提示：

输入标注编辑类型［默认（H）/新建（N）/旋转（R）/倾斜（O）］＜默认＞：

1）默认（H）：将所选尺寸标注回退到未编辑前的状况。提示选择需回退的尺寸，回车结束。

2）新建（N）：可修改尺寸数字。打开多行文字编辑器，输入新的尺寸数字，然后提示选择需更新的尺寸，回车结束。

3）旋转（R）：可旋转尺寸数字。提示指定文字的旋转角度，选择对象，回车结束。

4）倾斜（O）：可使尺寸界线按指定的角度倾斜。提示选择需倾斜的尺寸，输入倾斜角度，回车结束。

如图 5-33 所示轴测图中的尺寸标注，常用对齐标注后进行"倾斜"编辑。

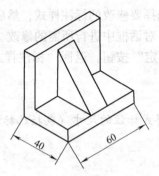

用对齐方式标注的尺寸

a)

尺寸 40 的倾斜角度为 30°
尺寸 60 的倾斜角度为 -30°

b)

图 5-33 尺寸"倾斜"示例
a）倾斜前 b）倾斜后

2. 编辑标注文字

功能：重新调整文字的放置位置。

输入命令的方式：

➢ 单击标注工具栏中的"编辑标注文字"按钮 ∠

➢ 单击菜单栏中的"标注"／"对齐文字"命令

➢ 由键盘输入：Dimtedit ↙

系统提示：

<u>选择标注</u>：选择需要编辑的尺寸

<u>指定标注文字的新位置或［左(L)/右(R)/中心(C)/默认(H)/角度(A)］</u>：

一般可动态地拖动文字尺寸到所选位置即可。

3. 标注更新

功能：可将已有尺寸的标注样式更新为当前标注样式。

输入命令的方式：

➢ 单击标注工具栏中的"标注更新"按钮

➢ 单击菜单栏中的"标注"／"更新"命令

➢ 由键盘输入：Dimupdate ↙

系统提示：

<u>选择对象</u>：选择尺寸后，按右键或回车即可将已有的尺寸标注更新为当前样式

第三节　尺寸公差与形位公差的标注

一、尺寸公差的标注

尺寸公差的标注常用以下两种方法。

1. 创建尺寸公差标注样式

例如：要标注图 5-34 中所示的两种公差值，可创建两个公差标注样式"公差 1"和"公差 2"。

设置的步骤为：

1）单击"标注"工具栏上的"标注样式"按钮，弹出"标注样式管理器"对话框。

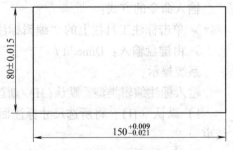

图 5-34 公差标注示例

2）单击"新建"按钮。

3）输入新样式名称为："公差1"，选择基础样式为"文字与尺寸线平行"，选择用于为"所有标注"，单击"继续"按钮。

4）在"公差"选项卡中，按图5-35所示的内容进行设置，设置完后，单击"确定"按钮。同理，可设置"公差2"标注样式，如图5-35所示。

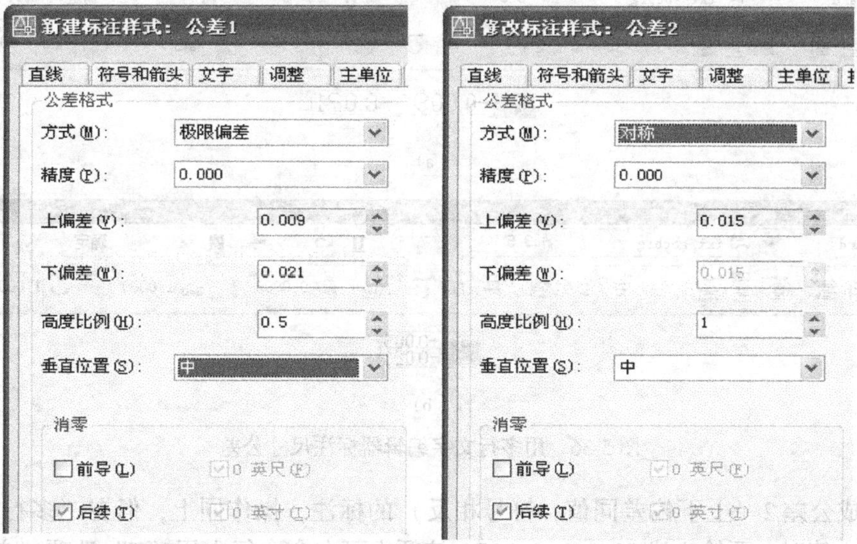

图5-35　"公差1"与"公差2"标注样式设置内容

标注时，先将某公差样式设为当前标注样式，如"公差1"，然后再标注尺寸。要标注另外的公差值时，再将"公差2"设为当前标注样式，进行标注，如不换标注样式，将按该公差样式一直标注下去。

2．用多行文字编辑器标注尺寸公差

由于机械图样中的尺寸公差是各种各样的，如按创建公差标注样式的方法来标注，是一个很繁琐的工作，即使使用样式替代功能，也是不方便的。用"多行文字编辑器"来进行尺寸公差的标注，就容易得多，是公差标注中常用的方法。

标注公差的方法为：

1）将某种标注样式如"文字与尺寸线平行"设为当前标注样式。

2）单击标注工具栏中的"线性标注"按钮，系统提示：

指定第一条尺寸界线原点或＜选择对象＞：选择第一点

指定第二条尺寸界线原点：选择第二点

［多行文字(M)/文字(T)/角度(A)/水平(H)/垂直(V)/旋转(R)］：M

3）选择M选项后，回车，打开"多行文字编辑器"，如图5-36所示。在图5-36中，系统检测到的测量值将自动亮显出来，如图5-36中亮显的150，如不删除，即表示默认该值；如果删除，可重新输入数值。公差值要输入在测量值（或基本尺寸值）之后，例如，上偏差为 $+0.009$，下偏差值为 -0.021，可输入成 $150+0.009^\wedge-0.021$（符号^是上下偏差间的界线，不能省略），如图5-36a所示，然后用鼠标选中 $+0.009^\wedge-0.021$，单击图5-36中的

"分式"按钮"$\frac{a}{b}$",数值便变成上下两部分,其间没有横线,如图 5-36b 所示。单击"确定"按钮,即可完成图 5-34 中所示公差 1 的标注(依照此法,"分式"按钮可用于输入分式)。

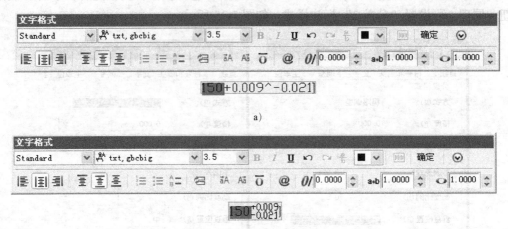

a)

b)

图 5-36　用多行文字编辑器标注尺寸公差

要完成公差 2(上下偏差同值,符号相反)的标注,操作同上,但在"多行文字编辑器"中输入值时,要输入成 80%%p0.015。该项也可在命令行中用"T"选项(单行文字)完成。

二、形位公差的标注

形位公差在机械图样中是经常出现的,形位公差标注在 AutoCAD 中有以下两种方法:

1.用"公差"命令来标注形位公差

输入命令的方式:

➢ 单击标注工具栏中的"公差"按钮 ⊞

➢ 单击菜单栏中的"标注"/"公差"命令

➢ 由键盘输入:Tolerance ↙

打开"形位公差"对话框,如图 5-37 所示。

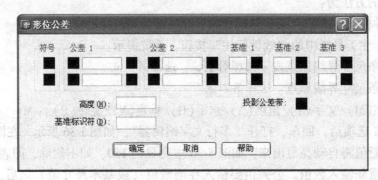

图 5-37　"形位公差"对话框

1)单击"符号"列第一个或第二个(用于有两项公差标注时)■框,可弹出"符号"

对话框，进行公差符号选择，如图 5-38 所示。

2）单击"公差"列前面的■框，可插入一个直径符号"φ"，再次单击可取消。

3）在"公差"框中输入公差数值，如有公差包容条件，可单击公差后面的■框，弹出"附加符号"对话框，选择相应的包容符号，如图 5-39 所示。例如，图 5-40 所示的形位公差输入示例（一）中的⑤。

图 5-38 "公差符号"对话框

图 5-39 "附加符号"对话框

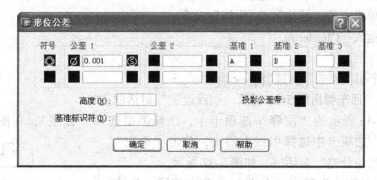

图 5-40 "形位公差"输入示例（一）

4）如有基准符号，可在"基准"框中输入基准字母，单击后面的■框，可输入基准的包容要求（当有几个基准时，可在后面添加）。如图 5-40 所示的输入示例，其标注结果如图 5-42a 所示。图 5-41 为并列标注两项公差时的输入示例，其标注结果如图 5-42c 所示。

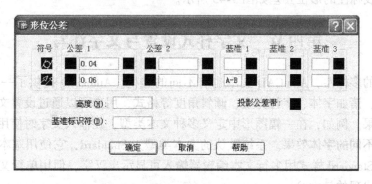

图 5-41 "形位公差"输入示例（二）

5）单击"确定"按钮，完成形位公差设置，屏幕上会出现一个框格，拖动鼠标定位，完成形位公差的标注。形位公差标注示例如图 5-42 所示。

☞ **注：**

1）当有两个形位公差重叠标注时，可在图 5-41 中的第二行输入另一个形位公差。

2）"高度"、"投影公差带"可用于添加投影公差带，一般情况下不用选择。

3）公差框内的文字高度、字形均由当前标注样式控制。

由图 5-42 可知，用"公差"命令标注的形位公差没有引线和箭头，其引线和箭头要用相应的绘图命令绘制，故用此法标注形位公差不太方便。

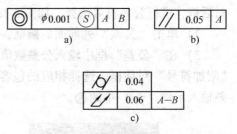

图 5-42　形位公差标注示例

2. 用"快速引线"命令来标注形位公差

用"快速引线"命令来标注形位公差，可克服用"公差"命令标注时没有引线和箭头的缺点，是标注形位公差较好的方法。

输入命令的方式：

➤ 单击标注工具栏中的"快速引线"按钮

➤ 单击菜单栏中的"标注"/"引线"命令

➤ 由键盘输入：Qleader↙

系统提示：

指定第一个引线点或［设置(S)］＜设置＞：S

1）输入 S，回车弹出图 5-16 所示"引线设置"对话框。

2）在图 5-16 所示的"注释"选项卡中，注释类型选择"公差"，在图 5-17 所示的"引线和箭头"选项卡中选择引线有箭头，单击"确定"按钮，弹出"形位公差"对话框，如图 5-37 所示。

3）形位公差值的设置与"公差"命令中相同，此处略。

4）设置之后，回到图形中，选择引线的第一点、第二点、第三点，即完成标注。

用快速引线标注的形位公差如图 5-43 所示。

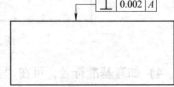

图 5-43　用快速引线标注形位公差

第四节　文字样式设置与文字注写

由于用途的多样性，AutoCAD 文本也有不同的类型。AutoCAD 提供了一些方法让用户控制文本显示，诸如字体、字符宽度、倾斜角度等格式，用户可以通过设置文本样式来改变字符的显示效果。例如，在一幅图形中定义多种文本类型，在输入文字时使用不同的文本类型，就会得到不同的字体效果。系统默认的文本类型为 Standard，它使用基本字体，字体文件为 txt. shx（Standard 样式用多行文本编辑器输入可显示出汉字，但用单行文本输入时不能显示出汉字，出现的是???)。

一、文字样式的设置

功能：创建新的文字样式或修改已有的文字样式。

输入命令的方式：

➤ 单击样式工具栏中的"文字样式管理器"按钮

➤ 单击菜单栏中的"格式"/"文字样式"命令

> 由键盘输入: Style✓

打开"文字样式"对话框, 如图 5-44 所示。

图 5-44 "文字样式"对话框

1. 设置当前文字样式

在"样式名"下拉列表中选择一种文字样式, 单击"应用"按钮, 可将该文本样式置为当前样式 (注: 用"样式"工具栏中的"文字样式控制"下拉列表也可设置当前文本样式, 如图 5-45 所示)。

2. 修改文字样式

在图 5-44 中选择某种文字样

图 5-45 "样式"工具栏

式, 可在"字体"下拉列表中重新选择字体名; 在"效果"区域中, 可设置"颠倒"(字头反向放置)、"反向"(镜像)、"垂直"(竖直排列)、"宽度比例"、"倾斜角度"等效果, 设置之后, 单击"应用"按钮即可。

☞ 注:

1) "倾斜角度"设置为"0"时, 文字字头垂直向上; 输入正值, 字头向右倾斜; 输入负值, 字头向左倾斜。

2) "高度"设为 0.0000, 在单行文本输入时, 会出现字高提示, 要求输入字高, 否则不会出现字高提示。系统默认为 0.0000。

3. 新建文字样式

1) 在图 5-44 中, 单击"新建"按钮, 可打开图 5-46 所示的"新建文字样式"对话框, 在"样式名"输入框中, 输入新建的文字样式名称。例如, 输入"汉字"名称, 单击"确定"按钮, 返回图 5-44"文字样式"对话框。

图 5-46 "新建文字样式"对话框

2) 在"字体名"下拉列表中选择字体。例如, 选择"T 仿宋-GB2312"(或"宋体"); "高度"框中采用默认值"0.0000"; "宽度比例"设为 0.8; "倾斜角度"为 15°, 其他采用默认值即可，设置结果如图 5-47 所示。单击"应用"按钮，完成设置，再单击"关闭"按钮结束命令。

图 5-47　"汉字"文字样式设置示例

二、注写文字

AutoCAD 提供了两种注写文字的方式，即多行（段落）文字注写和单行文字注写，其功能各有不同。

1. 多行文字注写

功能：以段落的方式输入文字，具有控制所注写文字的字符格式及段落文字特性等功能，可用于输入文字、分式、上下标、公差等，并可改变字体及大小。

输入命令的方式：

➢ 单击绘图工具栏中的"多行文字"按钮 A

➢ 单击菜单栏中的"绘图"/"文字"/"多行文字"命令

➢ 由键盘输入：Mtext✓

系统提示：

命令：_mtext 当前文字样式："汉字"当前文字高度:5

指定第一角点：

指定对角点或[高度(H)/对正(J)/行距(L)/旋转(R)/样式(S)/宽度(W)]：

用鼠标在绘图区拖出一个注写文字的区域后，出现"多行文字编辑器"对话框，如图 5-48 所示。

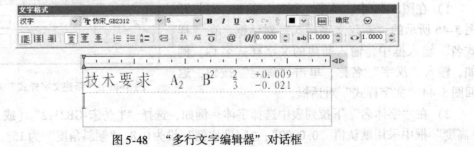

图 5-48　"多行文字编辑器"对话框

1）多行文字编辑器分为"文字格式"和"文字显示区"两个部分。在"文字格式"区域，从左自右依次为文字样式、字体、字高、加粗、倾斜、下划线、撤消、分式、颜色等。

2）"文字显示区"主要用来输入文字、编辑文字等。编辑操作时，应选中所需编辑的文字，然后再选用"文字格式"区域中的选项。例如，要修改文字的字高，应先选中文字，再从字高下拉列表中选择字号，若下拉列表中无所需字号，可从键盘输入。

3）对于"分式"按钮的使用，一般是以"/"符号为界将文字变成分式，或以"^"为界，将文字变成上下两部分。例如，要输入分式 $\frac{2}{3}$，应在文字显示区输入 2/3，然后将其选中，单击分式按钮 $\frac{a}{b}$ 即可；要输入某上下偏差值时，如输入 +0.009^-0.021，然后将其选中，再单击分式按钮 $\frac{a}{b}$，即可变成 $^{+0.009}_{-0.021}$；输入 A^2，再选中^2，单击分式按钮 $\frac{a}{b}$，即可变成 A_2；输入 B2^，再选中 2^，单击分式按钮 $\frac{a}{b}$，即可变成 B^2，其效果如图 5-48 所示。

4）在显示区域单击右键，弹出快捷菜单，选择"符号集"，可输入"符号"等特殊符号；选择"背景遮罩"，可为文字设置背景；选择"输入文字"，可打开"选择文件"对话框，将"＊.txt"及"＊.rtf"格式的文件插入到绘图区中。

2. 单行文字注写

功能：该命令以单行方式输入文字，可在一次命令中注写多行同字高、同旋转角的文字，按回车键可换行输入（类似于在 Word 中输入文字），但每行都是一个独立的实体。

输入命令的方式：

➢ 单击菜单栏中的"绘图"/"文字"/"单行文字"命令

➢ 由键盘输入：Dtext（或 text）↙

系统提示：

当前文字样式：Standard 当前文字高度：2.5000

指定文字的起点或［对正(J)/样式(S)］：

指定高度 ＜2.5000＞：5

指定文字的旋转角度 ＜0＞：

输入文字：

其中：

（1）对正（J）　可弹出下列所示的 14 种文字对齐方式（即文字的定位点）供选择。

［对齐(A)/调整(F)/中心(C)/中间(M)/右(R)/左上(TL)/中上(TC)/右上(TR)/左中(ML)/正中(MC)/右中(MR)/左下(BL)/中下(BC)/右下(BR)］：mc

指定文字的正中点：

1）"对齐（A）"模式：指定文字块的底线的两个端点为文字的定位点，系统将根据输入文字的多少自动计算文字的高度与宽度，使文字恰好充满所指定的两点之间。

2）"调整（F）"模式：底线同对齐（A）模式，但可指定字高，系统只调整字宽，使文字扩展或压缩至指定的两个点之间。

3）"中心（C）"模式：指定文字块底线的中心为文字定位点。

4）"中间（M）"模式：指定文字块的中心点为定位点。

5）"右（R）"模式：指定文字块的右下角点（即文字块结束点）为定位点。

文字的对正模式如图 5-49 所示。

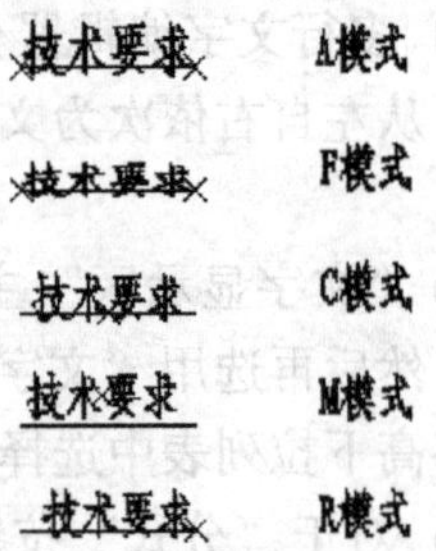

（2）样式（S） 该选项将提示用户选择一个图形中已有的文字样式为当前文字样式。

技术要求	A模式
技术要求	F模式
技术要求	C模式
技术要求	M模式
技术要求	R模式

图 5-49 文字的对正模式

思考与上机练习

复习与思考

1. 在 AutoCAD 中，所有的标注命令都位于什么工具栏中？

2. 如果图形中有小尺寸标注、公差标注、半标注、尺寸数字水平等标注要求，应怎样才能实现这些标注？

3. 如果使用多行文本命令或单行文本命令注写文字时，出现了问号"?"，是什么原因？应如何纠正？

4. 如果标注尺寸时发现注写的文字太小，尺寸箭头太短，是什么原因？应怎么改变？

5. 标注形位公差，最好用哪个命令标注？怎样实现？

6. 用引线标注可标注出哪几种不同的情况？怎样实现？

7. 要修改一个已有的尺寸标注，如要将其尺寸界线倾斜，或使其旋转，应用哪个命令（或图标）来实现？

上机练习

练习1 画出图 5-50 所示的标题栏，并完成文字注写。

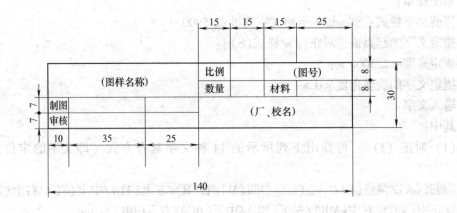

图 5-50 练习 1 图

练习2 完成图 5-51 所示的图形，将图 5-50 中的标题栏应用到此图中，并标注尺寸及注写文字。

练习3 完成图 5-52 所示的零件图，并标注尺寸及注写文字。

练习4 完成图 5-53 所示的零件图，并标注尺寸及注写文字。

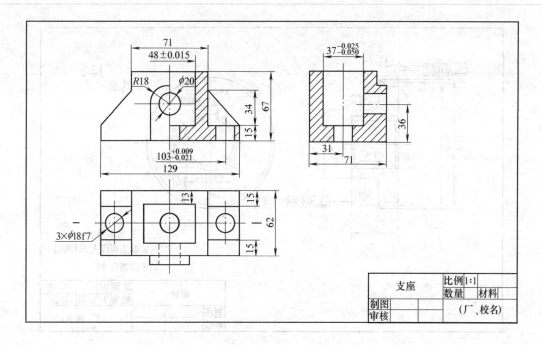

图 5-51　练习 2 图

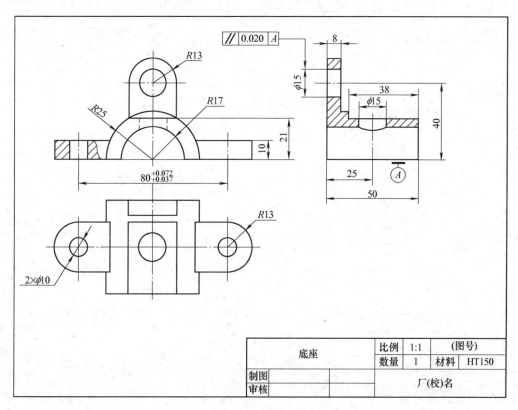

图 5-52　练习 3 图

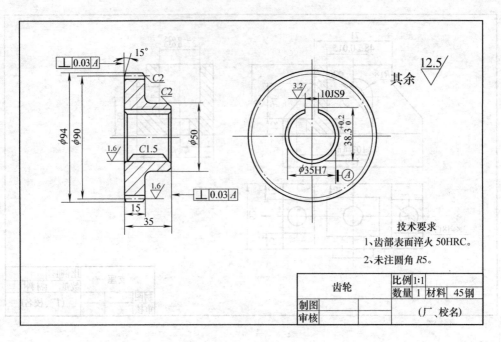

技术要求

1、齿部表面淬火 50HRC。

2、未注圆角 R5。

齿轮	比例	1:1	
	数量	1 材料	45钢
制图		(厂、校名)	
审核			

图 5-53   练习 4 图

第六章　零件图的绘制

在机械图样的绘制中，需要绘制大量的零件图，零件图是制造和检验零件的重要技术文件。一张完整的零件图应包括一组图形、尺寸、技术要求、标题栏等，而在技术要求中还要包括文字说明、表面粗糙度、基准符号、尺寸公差、形位公差、热处理等。

前一章中已介绍了尺寸及文字注写、尺寸公差标注、形位公差等的标注，本章主要介绍建立零件图样图的方法、建立粗糙度图块的方法以及常见零件图的绘制方法。

本章主要内容如下：

- 创建零件图的样图
- 创建图块与插入图块
- 创建属性图块与标注表面粗糙度
- 绘制零件图实例

第一节　创建零件图的样图

用 AutoCAD 绘制工程图，如果每次绘图都要设置绘图环境，是一件很繁琐的事情。为了加快作图速度，减少重复操作，创建样图是一个较好的途径。样图即是把每次都需要设置的绘图环境变成样图文件，每次新建文件时直接调用即可。

1. 新建样板文件

样板图形内容主要有：

1) 绘图环境 7 项（常用）设置。

① 用"格式"/"单位"命令确定绘图单位。

② 用"格式"/"图形界限"（Limits）命令设置图幅。

③ 用 Zoom 命令显示全图。

④ 画图框、标题栏（可调用标题栏图块）等。

⑤ 设置图层、线型、颜色、线宽等。

⑥ 设置线型比例。

⑦ 设置辅助绘图工具模式（捕捉、极轴等）。

2) 设置文字样式（如"汉字"等）。

3) 设置标注样式（如文字与尺寸线平行样式、文字水平样式、半标注样式等）。

4) 创建常用图块（如粗糙度图块、基准图块、剖切符号等）。

设置完成后的图形文件，如图 6-1 所示。

设置完成后，将文件取名保存，保存类型为"AutoCAD 图形样板"，文件扩展名为".dwt"，存盘路径为"AutoCAD 2006\R16.2\chs\Template"，如图 6-2 所示。

☞ 注：

选择"AutoCAD 图形样板"类型后，该 Template 文件夹会作为默认路径，自动出现在

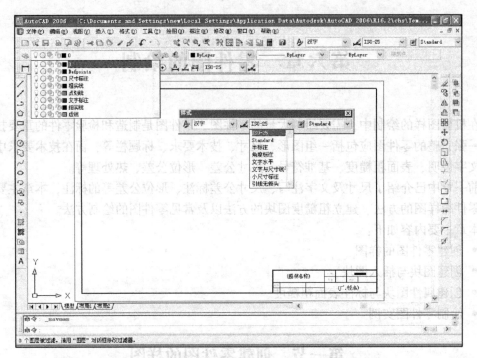

图 6-1　创建的样板图形

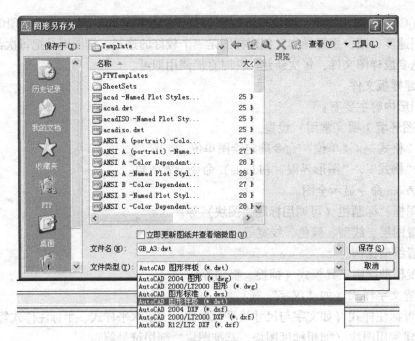

图 6-2　样板文件保存在 Template 文件夹下

"另存为"对话框中。

　　例如，保存几个用户常用的样板文件：如名为"GB_A1. dwt"、"GB_A2. dwt"、"GB_
A3. dwt"、"GB_A4. dwt"等。

2. 也可将已有的图形另存为样板文件

3. 调用样板文件

启动 AutoCAD2006 后，打开菜单"文件"／"新建"命令，系统会自动打开"选择样板"对话框。如图 6-3 所示。在图 6-3 中，AutoCAD2006 预置了几个符合我国标准的图形样板，如 Gb_a3-Named Plot styles. dwt 等，如果选择某项，单击"打开"按钮后，便可调用该图形样板进行绘图。如图 6-4 便是选择了 Gb_a3-Named Plot styles. dwt 样板后打开的图形。

图 6-3　"选择样板"文件对话框

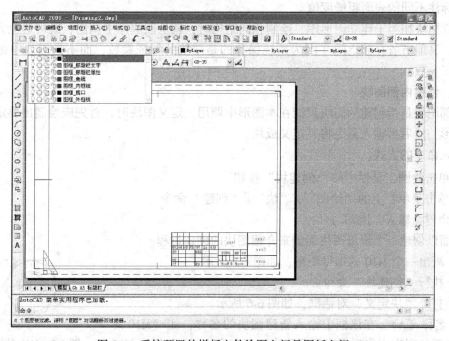

图 6-4　系统预置的样板文件绘图空间是图纸空间

在图 6-4 中可知，系统预置的样板文件绘图空间是图纸空间，而在模型空间不可见。如果是用户自建的样板文件，打开后默认是在模型空间，但在图纸空间也可进行绘图且可见。

第二节　创建图块与插入图块

一、图块概述

图块，简称块（Block），可由一条线、一个圆等单一的图形实体组成，也可以由一组图形实体组成。组成图块后，便成为一个整体，可以改变比例因子和转角，插入到图形的任意位置，在编辑过程中按一个目标来处理。

组成图块的实体可以分别处于不同的层，具有不同的颜色和线型等，各个图形实体的数据都将随图块一起存储在图块中。在调用内部图块时，该图块的特性不受当前设置的影响，将会保持自身原有的特性，在插入图块时，图块中若有在 0 层上绘制的图形实体，将插入到当前图层上，而非 0 层绘制的图形实体，仍将保持在原有图层上，也就是说在 0 层上建立的图块是随各插入层浮动的，插入到哪层，该图块就置于哪层，而在非 0 层上绘制的图形实体，由于插入后并不在插入层上，因此，当关闭插入层时，图块仍然显示出来，为了不造成管理的混乱，建立图块时，最好将图块建立在 0 层上。

若调用的图块为外部图块，则块中实体具有的层、颜色、线型等将被当前图形中与块中实体所在层同名的层及其设置所覆盖。如果当前图层中没有该图块中具有的层，则图块的颜色和线型不变，并在当前图形中建立相应的新层，但若外部图块的实体是建立在 0 层上，且设置了随层属性，则该图块插入后，将具有当前层的特性。

在绘制图形中，可将图形中常用的重复绘制制成图块，一次做成，多次调用，具有数字或文字属性的图形应制成属性图块，例如，表面粗糙度标注图块，在每次插入时通过修改属性值来标注不同的表面粗糙度值。

建立图块相当于建立图形库，绘制相同结构时，就从图块库中调出，既可避免大量的重复工作，又能节省存储空间（因为系统保存的是图块的特征参数，而不是图块中每一个实体的特征参数）。

二、创建内部图块

内部图块是指创建的图块只能在本图形中调用。定义图块时，首先应绘制出要定义为图块的图形，然后再输入命令将其定义成块。

输入命令的方式：

➢ 单击绘图工具栏中的"创建块"按钮 🔓

➢ 单击菜单栏上的"绘图"／"块"／"创建"命令

➢ 由键盘输入：Block ↙

下面以创建一个螺母图块为例来介绍图块的创建过程。

1）画出一个 M10 的螺母图形，如图 6-5 所示。

2）执行"创建块"命令。

3）打开"块定义"对话框，如图 6-6 所示。

① 名称（A）：在该框中输入新建图块的名称，如"M10 螺母"，其下拉列表中将列出当前图形中已经定义的图块名。在同

图 6-5　M10 的螺母

一图形中，不能定义两个相同名称的图块，如果同名，图块将被重新定义，以前的图块将被覆盖。

②　对象：单击"选择对象"按钮，返回绘图区选择要定义成图块的图形实体，例如将图 6-5 中所示的螺母整个选中，回车或单击右键确认后返回。

③　基点：单击"拾取点"按钮，将返回绘图区选择图块将来插入时的基准点。对图 6-5 中所示的螺母，可选择圆心点作为插入基点，选择返回后，X、Y、Z 三个文本框中将自动出现捕捉到的基点坐标值（用户也可直接在文本框中输入坐标以确定图块的插入点）。

④　保留（R）：建立图块后，保留创建图块的原图形实体。

⑤　删除（D）：建立图块后，删除创建图块的原图形实体。

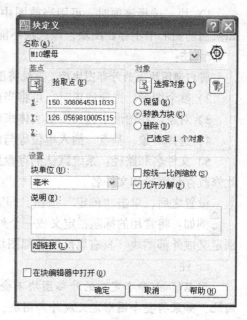

图 6-6　"块定义"对话框

⑥　转换为块（C）：建立图块后，将原图形实体也转换为块。

⑦　块单位（U）：从下拉列表中可选择图块插入时的单位（常用：毫米）。

⑧　说明（E）：可在文字编辑框中输入对所定义图块的相关文字描述（一般可不用）。

⑨　超链接（L）：可打开"插入超链接"对话框，在该对话框中可以插入超级链接的文档。

设置完成后，单击"确定"按钮，完成图块的定义。

☞ 注：

在图 6-6 中，若选中"在块编辑器中打开"，按"确定"键关闭"块定义"对话框后，将会打开块编辑器对块进行其他的编辑操作，这是 AutoCAD2006 的一个新功能。

三、创建外部图块

用 Block 命令定义的图块只能为本图形所调用，称为内部图块，内部图块将保存在本图形中。外部图块是指可为各图形公用的图块，外部图块是作为图形文件单独保存在磁盘上的，与其他图形文件并无区别，可以像图形文件一样打开、编辑、保存，并同内部图块一样插入。外部图块只能从键盘输入命令来定义。

输入命令的方式：

➤ 由键盘输入：Wblock ↙

打开"写块"对话框，如图 6-7 所示。

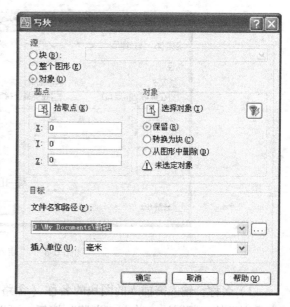

图 6-7　"写块"对话框

1）块：选择该项时，可用当前图中已有的内部图块来定义块文件（形成外部图块），如果当前图形中不存在图块，该选项不能用。

☞ 注：

将内部图块写为外部图块后，系统将图块的插入点指定为外部图块的坐标原点（0，0，0）。

2）整个图形：选择该项时，可将当前整个图形定义成一个块。

3）对象：在图形中选择图形实体来建立新图块（常用）。

4）选择对象、基点、插入单位等与内部图块定义相同。

5）文件名和路径：系统默认的存盘路径和文件名（新块）将出现在此框中，用户可在此修改存盘路径和文件名。

设置之后，单击"确定"按钮，即完成外部图块的定义。

例如：将常用的标题栏定义成一个外部图块；将粗糙度符号、基准符号、剖切符号等分别定义成外部图块（具有属性的外部图块，属性块的定义见本章第四节）。

☞ 注：

用 Wblock 命令定义的外部图块不会保留图形中未用的层定义、块定义、线型定义等，因此，如果将整个图形定义成外部图块，作为一个新文件与原文件相比，它大大减少了文件的字节数。

四、插入图块

1. 插入单个图块

输入命令的方式：

➤ 单击绘图工具栏中的"插入块"按钮

➤ 单击菜单栏中的"插入"／"块"命令

➤ 由键盘输入：Insert ✓

打开"插入"对话框，如图 6-8 所示。

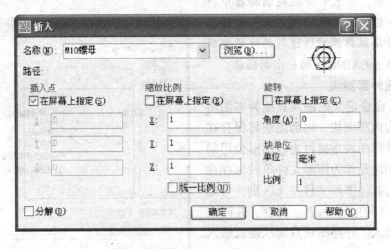

图 6-8　"插入"对话框

1）名称：输入需插入的图块的名称（含路径），或在右侧的下拉列表中，选择本图形中已定义的内部图块；单击"浏览"按钮，可以选择要插入的外部图块（文件）。

☞ **注**：

当用户插入一个外部图块后，系统自动在当前图形中生成相同名称的内部块，该名称将出现在"名称"下拉列表中。

2）插入点、缩放比例、旋转：分别用来指定图块插入点的位置、在 X、Y、Z 方向的缩放比例、是否旋转指定角度等。"统一比例"用来锁定图块在 X、Y、Z 三个方向以相同的比例插入。

☞ **注**：

1）输入 >1 的比例系数，插入的图块将被放大；输入 <1 的比例系数，插入的图块将被缩小；保持比例系数为 1，则插入的图块将保持原来大小。例如：如在图 6-8 中，将 M10 螺母的缩放比例改为 X=2、Y=2、Z=2，则插入的螺母将会是 M20 的螺母。

2）输入负比例因子，将得到轴对称图形（镜像图）。例如，插入一个二极管图块，如图 6-9 所示。

3）可输入不同的旋转角度插入图块，如图 6-10 所示。例如，插入粗糙度图块。

4）分解：选择此项时，块在插入时即被打散为单个实体。

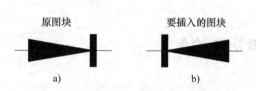

图 6-9 插入镜像的二极管
a）X、Y 比例因子均为 1 b）X、Y 比例因子均为 −1

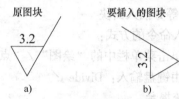

图 6-10 插入带旋转角度的图块
a）原角度 b）旋转角 90°

2. 插入阵列（多重）图块

Minsert 命令相当于将阵列与插入命令相结合，可将图块按矩形阵列的方式插入到图形中。

输入命令的方式：

➤ 由键盘输入：Minsert ↙

系统提示：

命令：minsert

输入块名或 [?] <M10 螺母>：<u>在此输入图块的名称</u>

单位：毫米 转换：　1.0000

指定插入点或 [基点(B)/比例(S)/X/Y/Z/旋转(R)/预览比例(PS)/PX/PY/PZ/预览旋转(PR)]：

输入 X 比例因子，指定对角点，或 [角点（C）/XYZ] <1>：

输入 Y 比例因子或 <使用 X 比例因子>：

指定旋转角度 <0>：

输入行数（——）<1>：

输入列数（|||）<1>：

输入行间距或指定单位单元（——）：

指定列间距（|||）：

☞ **注:**

1）指定插入点：可直接在绘图区点取一点作为插入点。

2）比例（S）：可设置 X、Y、Z 轴方向的图块缩放比例因子，通过不同的比例因子，可得到大小不同的结果。

3）旋转（R）：可输入阵列的旋转角。

4）行间距与列间距的正负要求与阵列命令操作相同。

5）用 Minsert 命令插入的所有图块是一个整体，而且不能用Explode命令分解，如要修改该整体图块的特性，如插入点、比例因子、旋转角度、行数、列数、行间距和列间距等，可通过右键单击该整体图块，选择"特性"命令。

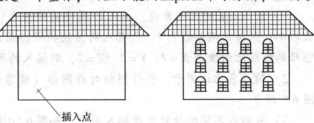
插入点

例如，建筑物窗户的插入，如图 6-11 所示。

图 6-11　插入阵列图块示例

3. 等分插入图块

输入命令的方式：

➤ 单击菜单栏中的"绘图"/"点"/"定数等分"命令

➤ 由键盘输入：Divide ✓

系统提示：

选择要定数等分的对象：

输入线段数目或［块（B）］：b

输入要插入的块名：

是否对齐块和对象？［是（Y）/否（N）］＜Y＞：

输入线段数目：

如图 6-12 所示为插入定数等分图块示例。

4. 等距插入图块

输入命令的方式：

➤ 单击菜单栏中的"绘图"/"点"/"定距等分"命令

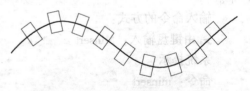

图 6-12　插入定数等分图块示例

➤ 由键盘输入：Measure ✓

系统提示：

选择要定距等分的对象：

指定线段长度或［块（B）］：b

输入要插入的块名：

是否对齐块和对象？［是（Y）/否（N）］＜Y＞：

指定线段长度：

图 2-28 所示即为将图块"珍珠"以定距等分方式插入的示例（见第二章）。

五、图块的分解

图块的分解是建立图块的逆过程。一个图块是一个整体图形，当绘图中需要对图块中的某实体进行编辑修改时，必须将图块进行分解。

输入命令的方式：

➢ 单击编辑工具栏中的"分解"按钮

➢ 单击菜单栏中的"修改"／"分解"命令

➢ 由键盘输入：Explode ↙

系统提示：

选择对象：

选中后，单击右键或回车即分解。

六、修改图块

1. 修改用 Block 命令创建的图块

修改用 Block 命令创建的图块的方法是：先修改这种图块中的任意一个，修改前应先将该图块分解或重新绘制，然后以相同的名重新定义块。重新定义后，系统会立即修改该图形中所有已插入的同名图块。

2. 修改由 Wblock 命令创建的图块

修改用 Wblock 命令创建的图块的方法是：用"打开"命令打开该图块文件，修改后保存即可。

第三节　创建属性图块与标注表面粗糙度

图块属性是从属于图块的特殊文本信息，它不能独立存在及使用，只有在插入图块时才会出现。属性文本与普通文本不同，它可在每次插入时输入不同的属性值，也能在插入图块后进行修改。例如，表面粗糙度符号、基准符号、剖切符号等，由于在使用时需要有文字说明跟随，故常将这些重复图形制成属性图块，以加快作图速度。

一、定制属性图块

下面以定义机械图样中的"表面粗糙度"图块为例，来介绍定制
属性图块的过程。

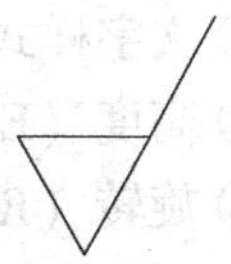

建立属性图块的步骤如下：

（1）画出图块所需的图形　画出图 6-13 所示图形（最长边可自
定，一般可取 12 ~ 15mm）。

图 6-13　表面
粗糙度符号

（2）　定义属性

输入命令的方式：

➢ 单击菜单栏中的"绘图"／"块"／"定义属性"命令

➢ 由键盘输入：Attdef ↙

打开图 6-14 所示的"属性定义"对话框。

1）模式区域

① 不可见（I）：若选中，插入图块后，其属性值不在图形中显示出来（一般不选）。

② 固定（C）：若选中，插入图块时，其属性值是一常数，不可变（一般不选）。

③ 验证（V）：若选中，每次插入图块时，系统都会对用户输入的属性值给出校验提示，以确认用户输入的属性值是否正确（一般不选）。

图 6-14　"属性定义"对话框

④ 预置（P）：若选中，每次插入图块时将直接以初始值插入（一般不选）。

2）属性区域

① 标记（T）：用于输入属性标记（必须设置）。此例输入"CCD"（粗糙度谐音）。

② 提示（M）：用于输入属性提示，该提示将出现在每次插入属性图块时，作为引导用户正确输入属性值之用（必须设置）。如果不设此项，系统将自动以属性标记作为属性提示。此例输入"请输入粗糙度值"。

③ 值（L）：该项用于设置属性的默认初始值。此例输入常用值"3.2"。

3）文字选项区

① 对正（J）：用于定义属性文本的对齐方式。

② 文字样式（S）：用于选择属性文本的字型。

③ 高度（E）：用于确定属性文本的字高。此例设置为 3.5。

④ 旋转（R）：用于确定属性文本的旋转角度。

4）插入点 。选中"在屏幕上指定"（ 或直接在 X、Y、Z 文本框中输入插入点的坐标），若选择"在屏幕上指定"，单击"确定"按钮后，将返回绘图区，用鼠标指定属性文本的插入点，设置之后，单击"确定"按钮，完成属性定义。

图 6-15　"表面粗糙度"块属性定义后产生的图形结果

图 6-15 为"表面粗糙度"图块的属性定义后产生的图形结果。

（3）　定义图块

输入命令的方式：

➤ 单击菜单栏中的"绘图"/"块"/"创建"命令。

其操作与本章第二节相同（此处略）。

第三步操作完成后，将得到图 6-16 所示的图形。

第三步操作中应注意以下两点：

图 6-16　表面粗糙度图块定义之后得到的图形

1）定义块的名称最好与属性标记相同。此例的块名称应为"CCD"。

2）选择对象时，应将图形及 CCD 文本一起选中（即图块与属性成一个整体），否则在插入属性图块时将不会出现属性值。

另外，一个图形文件中可有多个不同的属性图块，用户可将绘图中常用的带文本信息的图形都做成属性图块，以提高作图速度。

二、插入属性图块

插入属性图块的操作与插入普通图块的操作基本相同，不同之处是在命令行中会出现提示信息，引导用户按不同的属性值插入属性图块。

例如，用"CCD"属性图块插入一个属性值为 3.2 以及属性值为 1.6 的粗糙度符号。

输入命令的方式：

➢ 单击绘图工具栏中的"插入块"按钮

➢ 单击菜单栏中的"插入"／"块"命令

➢ 由键盘输入：Insert ✓

在出现的"插入"对话框（见图 6-8）中，选择"CCD"块名称，单击"确定"按钮后，命令行出现的提示如下：

命令：_insert

指定插入点或〔基点(B)/比例(S)/X/Y/Z/旋转(R)/预览比例(PS)/PX/PY/PZ/预览旋转(PR)〕：

输入属性值

请输入粗糙度值 <3.2>：

若回车，则得到属性值为 3.2 的属性图块；若在请输入粗糙度值 <3.2>：时，输入 1.6 再回车，则得到属性值为 1.6 的属性块图形（以此类推），如图 6-17 所示。图 6-17 中表面粗糙度值为 6.3 的图块是旋转 90°后得到的。

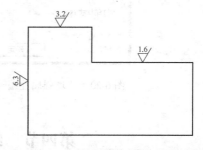

图 6-17　输入不同的属性值得到不同的块图形

三、编辑已插入的属性图块

如果要对已经插入的属性图块进行修改，操作非常简单，只需双击某属性文字，例如，双击图 6-17 中的 1.6，可打开"增强属性编辑器"对话框，如图 6-18 所示。

在图 6-18 中所示的"属性"选项卡中，可修改属性值（例如，将 1.6 改为 6.3）。

在图 6-19 所示的"文字选项"选项卡中，可修改字高、对齐方式等。

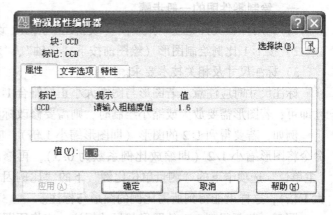

图 6-18　"增强属性编辑器"对话框中的"属性"选项卡

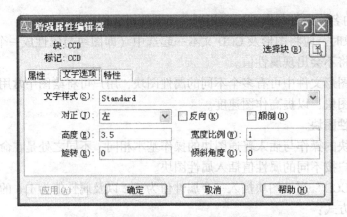

图 6-19 "增强属性编辑器"对话框中的"文字选项"选项卡

在图 6-20 所示的"特性"选项卡中，可修改属性文字的图层，颜色等，修改完后，单击"确定"按钮即可。

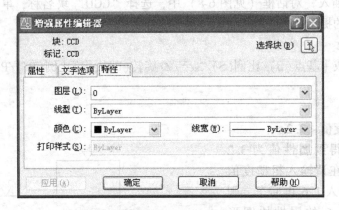

图 6-20 "增强属性编辑器"对话框中的"特性"选项卡

第四节 绘制零件图实例

一、绘制零件图的一般步骤

1）调用样板文件建立一张新图（或新建一张图，设置该零件图所需的绘图环境）。

2）按 1∶1 比例绘制图形（绘图前按下"极轴"、"对象捕捉"、"对象追踪"按钮）。

3）标注尺寸及相关技术要求。

标注尺寸时应注意：若图形与图纸大小正好符合 1∶1 的比例，可按正常标注样式标注尺寸即可；若图形需要放大或缩小绘制时，则需要修改标注样式中的标注比例。

例如，若要得到 1∶2 的图形（即图形缩小 1 倍），应按 1∶1 绘制完图形后，用比例缩放命令将图形缩小 1/2（即缩放比例系数为 0.5），再修改标注样式，将图 5-26 中标注样式"主单位"选项卡下的"测量单位比例"下的"比例因子"设置为 2（即标注时将测量值放大 1 倍），这样就能得到所需比例的图形与标注。

同理，若要得到 2∶1 的图形与尺寸标注，应将原图形放大 2 倍，将标注样式中"测量单位比例"下的"比例因子"设置为0.5。

4）填写标题栏。

5）保存文件。

二、轴类零件的绘制

轴类零件，一般由同一轴线不同直径的圆柱、圆锥体所组成，构成阶梯状。轴类零件上常有键槽、轴肩、螺纹、退刀槽、倒角、中心孔等结构。主要视图为主视图，另视结构需要增加一些局部剖视图和断面图等，主视图水平放置。轴类零件一般在车床上加工。

绘制轴类零件图的方法主要是：先绘制轴类零件的主视图的上半部分，再用"镜像"命令完成下半部分，其次再绘制所需的其他辅助图形等。

下面以图6-21所示的轴零件为例，介绍该类零件的绘制步骤与方法。

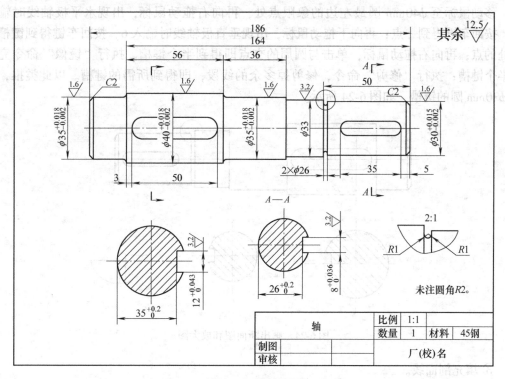

图6-21 轴零件图

1）调用样板文件建立一张新图（A4图幅，标题栏已有，绘图环境已设置完毕）。

2）按下"极轴"、"对象捕捉"、"对象追踪"按钮，并打开"对象捕捉"工具栏。

3）调用"点画线层"，画出一条水平中心线。

4）参照第四章所述快速画轴的方法，画出该轴主视图的上半部分，如图6-22所示。

5）执行"镜像"命令，得到该轴主视图的全部图形，如图6-23所示。

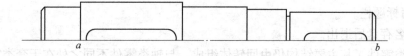

图6-22 轴主视图上半部分

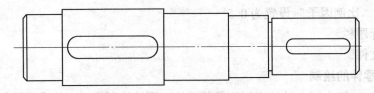

图 6-23　"镜像"得到轴主视图全图

6）画两个移出断面图

① 调用点画线层，在键槽下方画出断面圆所需的中心线，然后再调用粗实线层，分别画出 $\phi40mm$ 和 $\phi30mm$ 的圆。

② 用捕捉和追踪关系画出键槽缺口，例如，画 $\phi40mm$ 圆的缺口时，执行"直线"命令，移动鼠标至 $\phi40mm$ 圆最左边的象限点处，再向右拖动鼠标，出现水平极轴线时输入 35，按回车键得到一点；再向下拖动鼠标，出现垂直极轴线时输入 6，按回车键得到键槽半宽处的点；再向右拖动鼠标，单击与圆周的交点即得到半个键槽。执行"镜像"命令完成另半个键槽；执行"修剪"命令，修剪掉多余的线段，即得到所需的键槽。以此类推，画出 $\phi30mm$ 圆的键槽，如图 6-24 所示。

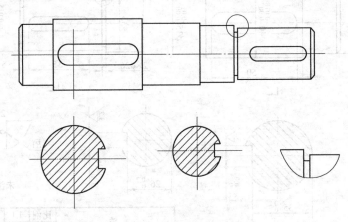

图 6-24　画出断面图和放大图

③ 填充剖面线。

7）绘制局部放大图。

① 用"复制"命令把主视图上要放大的部分图形复制到局部放大的位置。

② 用"样条曲线"命令画出断裂线（细实线），并修剪掉多余线段。

③ 用"圆角"命令绘制过渡圆角。

④ 用"比例缩放"命令将其放大 2 倍。

绘制的局部放大图如图 6-24 所示。

8）标注尺寸及技术要求等（此处略）。

9）填写标题栏。

10）赋名存盘后退出。

对于套类零件，其主要结构仍由回转体组成，与轴类零件不同之处在于套类零件是空心的，主视图多采用轴线水平放置的全剖视图表示。在绘图时可参照轴类零件的绘图方法画出套类零件的外圆柱，再画出内圆柱，然后填充剖面线（此处略）。

三、轮盘类零件的绘制

轮盘类零件基本形状是扁平状，主体部分是回转体，一般需要两个或两个以上基本视图，主视图一般按加工位置将轴线水平放置，并作全剖视。为了表达出轮盘上孔的结构和分布等，可采用左视图或右视图，有的还需要局部视图或断面图等。

在绘制轮盘类零件图时，一般是先画出圆的视图，如左视图等，对于在圆周上分布的孔，多采用阵列命令绘制，然后再启动对象追踪等关系，画出所需的主视图。

图 6-25 所示为一个齿轮的零件工作图，其绘制步骤如下：

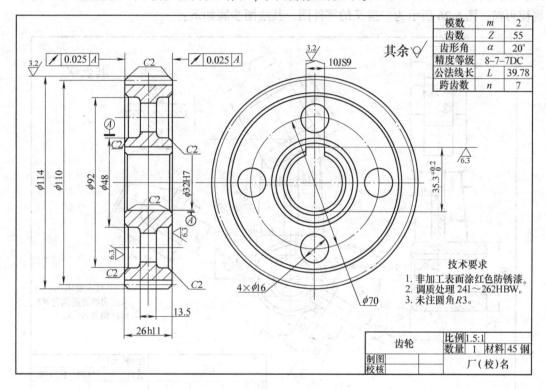

模数	m	2
齿数	Z	55
齿形角	α	20°
精度等级		8-7-7DC
公法线长	L	39.78
跨齿数	n	7

技术要求
1. 非加工表面涂红色防锈漆。
2. 调质处理 241～262HBW。
3. 未注圆角 $R3$。

齿轮	比例	1.5:1		
	数量	1	材料	45 钢
制图			厂（校）名	
校核				

图 6-25 齿轮零件图

1）调用样板文件建立一张新图（A4 图幅，绘图环境已设置完毕）。

2）按下"极轴"、"对象捕捉"、"对象追踪"按钮，并打开"对象捕捉"工具栏。

3）调用点画线层，画出该图所需的中心线及左视图上所需的点画线圆等。

4）调用粗实线层，画出左视图上所有的圆，其中 4 个 $\phi16$mm 的圆只需画出一个，然后用环形"阵列"命令画出其余 3 个，再调用"直线"命令画出键槽（参照图 6-24）。

5）用"直线"命令完成主视图中主要线段，画主视图时，注意从左视图追踪相关点，按照高平齐关系绘制。例如，绘制主视图中的齿顶线时，可移动鼠标到左视图中圆的最高点处，再向左拖动鼠标，出现水平极轴线时再按齿轮宽度画出所需直线，以此类推。

注意：为了达到快速作图的目的，图 6-25 所示的主视图上下基本对称，因此在绘制时，可只画出一半（如只画出上半部分），用"镜像"命令画出下半部分，然后再做一些局部的修改即可。基本线段完成后，再进行倒角、圆角、图案填充等，完成主视图。

6）标注尺寸及技术要求等。

7）填写标题栏。

8）赋名存盘后退出。

四、叉架类零件的绘制

与轴套类零件相比，叉架类零件多数不规则，结构比较复杂，一般需要两个或两个以上基本视图才能表达清楚其主体形状结构。视图表达的一般原则是将主视图按工作位置安放，投射方向根据叉架的主要结构特征来选择。对于零件上的弯曲、倾斜结构等，还需用斜视图、断面图、局部视图等来表达，因此在绘图时，很少有像轴套类零件或轮盘类零件那样有规律可循。图 6-26 所示为一拨叉的零件图，其绘图步骤如下：

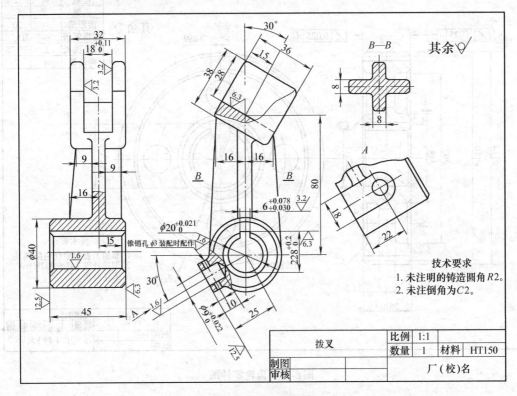

图 6-26　拨叉零件图

1）调用样板文件建立一张新图（A4 图幅，绘图环境已设置完毕）。

2）按下"极轴"、"对象捕捉"、"对象追踪"按钮，可启用"DYN"按钮。

3）调用点画线层，画出该图所需的中心线（斜线部分可用"DYN"动态捕捉所需角度线）。

4）调用粗实线层，画出主视图中各圆及 A 向局部视图中的圆等。

5）利用极轴追踪关系及"DYN"动态输入法，画出主视图定位尺寸为 80 处所有斜线（与垂直线倾斜 30°及 120°的直线）。用"偏移"命令画出两条等距线（距离为 16），并画出该处与大圆的两条切线。利用"修剪"、"删除"等命令画出主视图大部分图形。

6）利用极轴和高平齐关系画出右视图相关线段。可用"偏移"、"直线"、"修剪"、"圆角"、"倒角"、"图案填充"等命令完成右视图。

7）绘制主视图中的局部剖视。用"样条曲线"画出主视图上部所需的波浪线，然后用"图案填充"命令完成局部剖视。画主视图左下角处的局部剖视时，先利用"DYN"动态输入法画出30°中心线，再利用"偏移"命令画出孔等，用"直线"、"样条曲线"、"图案填充"等完成局部剖视。

8）用"DYN"动态输入法画出 *A* 向局部视图。

9）画出 *B—B* 移出断面图。

10）标注尺寸及技术要求等。

11）填写标题栏。

12）赋名存盘后退出。

五、箱体类零件的绘制

箱体类零件主要用来支承和容纳其他零件，且多为铸件，多数都是中空壳体，并由多道工序加工形成，结构复杂。在视图选择上一般要用三个或三个以上的基本视图，并根据结构特点在基本视图上取剖视、断面、局部视图、斜视图来表达其内、外结构形状，因此在画图时，要综合应用多种命令，灵活地进行绘制。

图 6-27 是一个缸体的零件图，它是内部为空腔的箱体类零件，其绘图步骤如下：

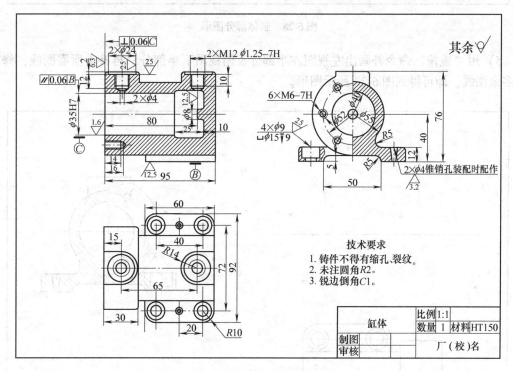

图 6-27　缸体零件图

1）调用样板文件建立一张新图（A3 图幅，绘图环境已设置完毕）。

2）按下"极轴"、"对象捕捉"、"对象追踪"按钮。

3）调用点画线层，画出三个视图所需的中心线，定位三个视图的位置。

4）调用粗实线层，先画左视图上各圆，再画出俯视图的各圆及上半部分图形（对称图形只画一半）及左视图中右半部图形，如图 6-28 所示。

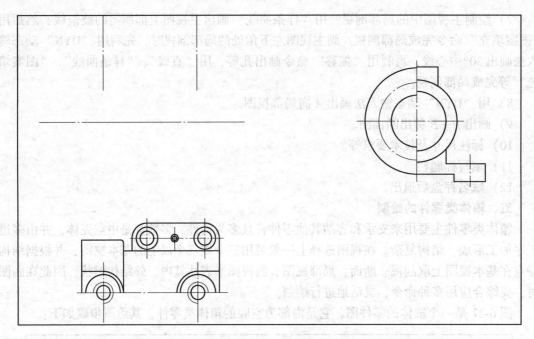

图 6-28　缸体部分图形

5）用"镜像"命令补画出左视图左半部分及俯视图下半部分，再补上所需图线，修剪掉多余图线，即可得到图 6-29 所示图形。

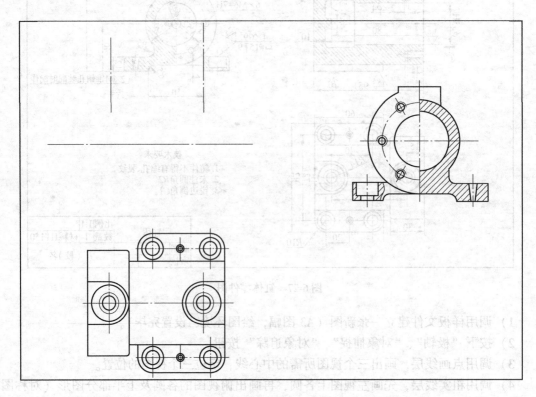

图 6-29　镜像后得到的图形

6）画主视图。利用极轴及对象捕捉与追踪，保持高平齐、宽相等关系，画出主视图中各线段（其中，缸体内腔为对称图形，可画出一半，另一半由镜像得到），完成后的图形如图 6-27 所示。

7）标注尺寸及技术要求。

8）填写标题栏。

9）赋名存盘后退出。

思考与上机练习

复习与思考

1. 在 AutoCAD 中，为了方便操作，通常把绘图环境设置成样板文件（即样图）。在样图中需要设置哪些项目？试设置一个 A3 图幅的样图，一个 A4 图幅的样图。

2. 怎样在新建一个 AutoCAD 文件时调用所存的样图文件？

3. 绘制轴套类零件图有哪些规律可循？画一根轴时，各段阶梯轴应采用哪些捕捉方式完成较快？

4. 绘制轮盘类零件图时，应先画出哪个视图？

5. 绘制叉架类零件图或箱体类零件图时一般应先画什么样的视图？

上机练习

练习1 抄画图 6-30 所示的轴零件图（图幅 A4）。

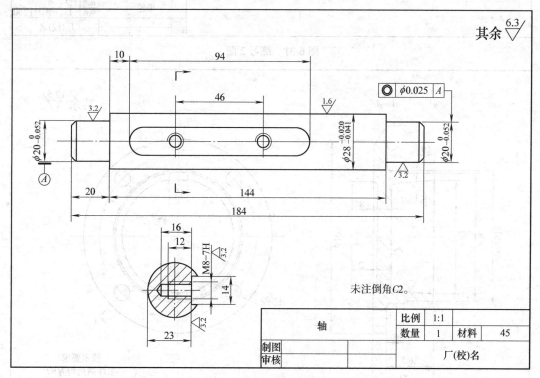

图 6-30　练习 1 图

练习2 抄画图 6-31 所示的带轮零件图（图幅 A3）。

练习3 抄画图 6-32 所示的端盖零件图（图幅 A4）。

练习4 抄画图 6-33 所示的支架零件图（图幅 A4，竖放）。

练习5 抄画图 6-34 所示的箱体零件图（图幅为 A3）。

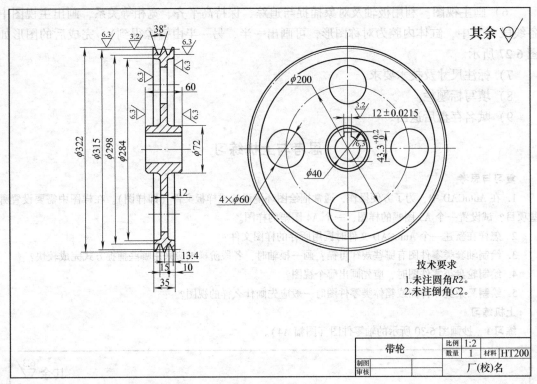

图 6-31 练习 2 图

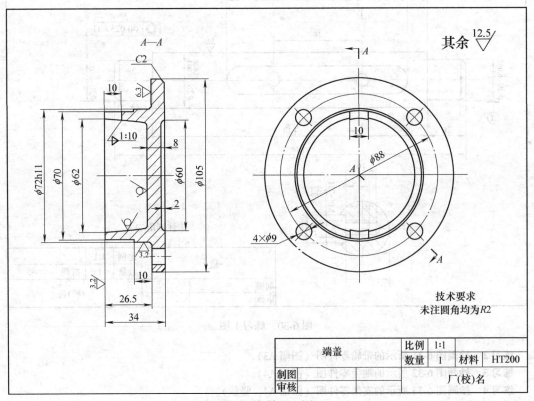

图 6-32 练习 3 图

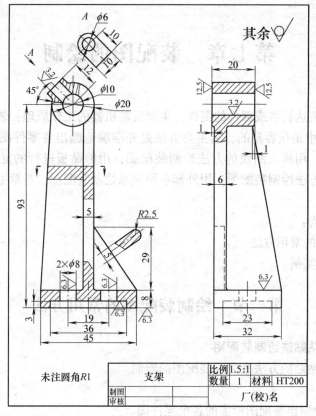

图 6-33 练习 4 图

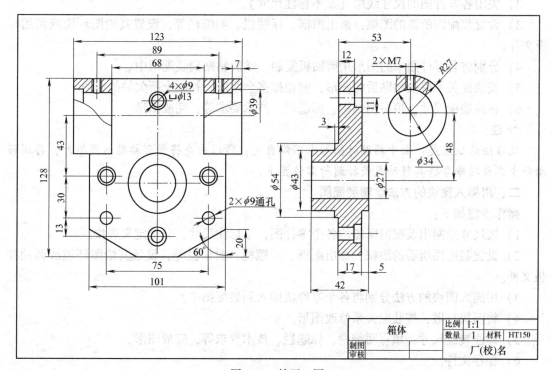

图 6-34 练习 5 图

第七章 装配图的绘制

装配图是用来表达机器或部件的图样，主要反映机器的工作原理、装配关系等。装配图的绘制在 AutoCAD 中是很容易的，其主要方法是先准确地画出各零件图，然后拼画成装配图。常用的方法有：用插入图块的方法绘制装配图；用剪贴板进行的复制粘贴法绘制装配图；用插入文件的方法绘制装配图；用外部参照关系绘制装配图。本章主要介绍这四种绘制装配图的方法：

本章主要内容为：

- 绘制装配图的常用方法
- 绘制装配图实例

第一节 绘制装配图的常用方法

一、用复制—粘贴法绘制装配图

通过从剪贴板粘贴的方法来完成装配图的绘制。

操作步骤如下：

1) 先按尺寸绘制出装配图所需的各个零件图。

2) 关闭各零件图的尺寸线层（或不标注尺寸）。

3) 设置装配图所需的图幅，画出图框、标题栏、明细栏等，设置其绘图环境或调用样板文件。

4) 分别将各零件图中的图形用剪贴板复制，然后粘贴到装配图中。

5) 按装配关系修改粘贴后的图形，剪切掉多余线段，补画上所欠缺的线段。

6) 标注装配尺寸，填写明细栏、标题栏、技术要求等，完成图形。

☞ **注**：

此方法的缺点是：由于粘贴时插入点不能自定，所以应先将图形粘贴到图框外，再用移动命令或旋转命令将其移动或旋转到所需位置上。

二、用插入图块的方法绘制装配图

操作步骤如下：

1) 按尺寸绘制出装配图所需的各个零件图，不标注尺寸，分别定义成块。

2) 设置装配图所需的图幅，画出图框、标题栏，明细栏等，设置其绘图环境或调用样板文件。

3) 用插入图块的方法分别将各个零件块插入到装配图中。

4) 将图块打散，按装配关系修改图形。

5) 标注装配尺寸，填写明细栏、标题栏、技术要求等，完成图形。

6) 保存文件。

☞ **注**：

此方法的优点是：由于图块都定义有插入基点，所以在插入图块时较容易对准位置。

三、用插入文件的方法绘制装配图

AutoCAD 的图形文件可以插入到不同的图形中，插入的图形文件相当于一个公共图块，因此，在绘制装配图之前，需要将装配图所需的各零件图完整画出，然后关闭尺寸线层、标注层等。为了使插入的图形文件便于插入时控制，组装装配图之前，应将各零件图文件分别定义一个插入基点，然后将其各自存盘，插入时，可参照插入公共图块的方法来装配各零件。

操作步骤如下：

1）按尺寸绘制出装配图所需的各个零件图，不标注尺寸，不设置标题栏和图框。

2）为各零件图形定义插入基点（用"绘图"/"块"/"基点"命令），分别保存文件（最好存于同一个文件夹中）。

3）设置装配图所需的图幅，画出图框、标题栏，明细栏等，设置其绘图环境或调用样板文件。

4）用"插入"/"块"命令，在打开的"插入"对话框中，单击"浏览"按钮，如图 7-1 所示，系统将打开图 7-2 所示的"选择图形文件"对话框，在图 7-2 中选中要插入的零件图，单击"打开"按钮，即可将各零件图形一一插入到装配图中。

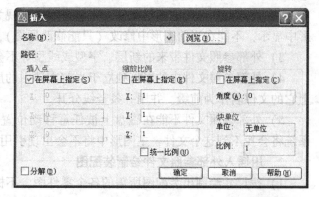

图 7-1 在"插入"对话框中单击"浏览"按钮

5）将需要修改的图形文件打散（即每个插入的图形均是一个图块，需用"分解"命令分解后方可修改），按装配关系修改图形。

6）标注装配尺寸，填写明细栏、标题栏、技术要求等，完成图形。

7）保存文件。

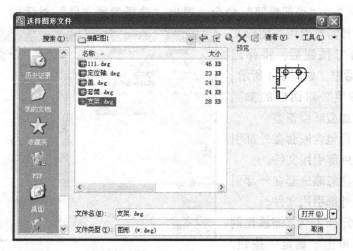

图 7-2 在"选择图形文件"对话框中选择要插入的图形文件

☞ **注：**

该方法的优点与插入图块法相同。

四、用插入外部引用文件的方法绘制装配图

1. 关于外部参照

在工程图中，为了减少重复的绘图工作，常常会将一整张图形调用到另一个图形文件中，这一过程称为图形文件的外部引用，也称外部参照。外部引用有两种形式：一种是把外部图形文件以公共图块（WBlock）的形式插入到当前图形中；另一种则是通过外部参照命令，将外部图形文件调入到当前图形文件中。

若将一个图形文件作为图块插入到当前图形中，原图形文件与当前图形文件之间没有关联关系。但若将一个图形文件作为外部参照插入到当前图形中，两者之间便产生了关联关系，即如果原始文件做了修改，每次打开主图形时都会自动更新外部参照图形。

1) 外部参照能节省主图形更多的磁盘空间，因为外部引用的原图形文件并不作为主图形数据库的一部分保存，因此图形占用磁盘空间较小。

2) 外部参照引用的图形文件在当前图形中被视为一个整体，引用的图形只能在当前图形中显示，不能在当前图形中修改（只能修改原图），也不能用 Explode 命令分解。

3) 外部参照文件带来的新层、字型或线型等不会成为当前文件的一部分。

4) 外部参照文件中的层将独立于当前文件中的层，通常在外部引用文件的图层名前加上它的文件名作为前缀，并用一条竖线分开。

5) 外部参照文件不能在磁盘上被任意移动位置，因为一旦产生外部引用文件的移动，系统将会找不到这个文件，主图形中将不会出现引用的图形，并出现原文件的路径提示。

2. 用插入外部参照文件绘制装配图

1) 按尺寸绘制出装配图所需的各个零件图，不标注尺寸，不设置标题栏和图框。

2) 为各零件图形定义插入基点（用"绘图"／"块"／"基点"命令），分别保存为文件（最好存于同一个文件夹中）。

3) 设置装配图所需的图幅，画出图框、标题栏，明细栏等，设置其绘图环境或调用样板文件。

4) 用"插入"／"外部参照"命令，弹出"选择参照文件"对话框，如图 7-3 所示。在该对话框中选择需要引用的图形文件，单击"打开"按钮后，将弹出"外部参照"对话框，如图 7-4 所示。

在"外部参照"对话框的参照类型中，选择附加型或覆盖型。

附加型——将包含嵌套在外部引用文件中的其他外部引用文件。

覆盖型——将忽略嵌套在外部引用文件中的其他外部引用文件。

在屏幕上指定插入点、缩放比例和旋转角度等，单击"确定"按钮，即完成外部参照文件的插入。按此方

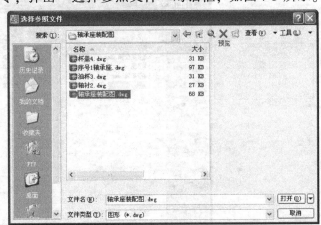

图 7-3 "选择参照文件"对话框

法将各零件图形一一插入到装配图中（不要绑定）。

5）按装配关系修改时，只打开需要修改的原零件图形文件进行修改（不修改装配图），修改完成后存盘。

6）用"插入"／"外部参照管理器"命令，打开"外部参照管理器"对话框，如图7-5所示，选中已修改的零件图形文件名称，单击"重载"按钮，即可完成装配图的更新。

☞ **注：**

若某个零件图形做了修改，装配图中会出现系统提示信息，告诉用户哪个零件需要重载。

7）标注装配尺寸，填写明细栏、标题栏、技术要求等，完成图形。

☞ **注：**

此法的优点是：修改或更新都很容易，且装配图文件所占磁盘空间较小。缺点是：所需的外部引用文件在引用后不能移动到其他位置（即不能改变原路径），否则装配图中将会缺少移动了的图形。如果不需再做修改，可将装配图中所有零件图形"绑定"，装配图就与零件图形无关了。

图7-5所示对话框中各按钮的含义如下：

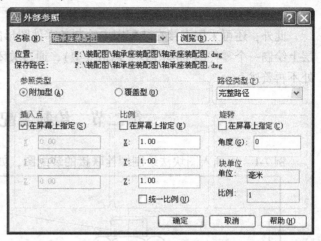

图7-4 "外部参照"对话框

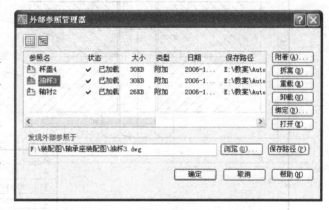

图7-5 "外部参照管理器"对话框

① 附着：选择此选项将会弹出"外部参照"对话框，用于选择衔接文件。

② 拆离：选择某文件后，单击该按钮，将会使所选的外部引用文件与当前文件脱离。

③ 重载：当一个外部引用文件被修改后，在该对话框中选中此文件，再单击该按钮，当前图形文件会被更新。

④ 卸载：相当于冻结一个外部引用文件，使图形存在，但不显示。可以减少重画，重新生成及文件装载的时间。若要重新显示出来，在此对话框中，选中该文件，单击"重载"按钮即可。

⑤ 绑定：该按钮将一个外部引用文件转换成图块，并与原文件取消关联。选择此项时，将出现两个选项："绑定"和"插入"，其中"绑定"选项将保留外部参照原有的元素（层、线型、文字与尺寸标注等），用外部引用的文件名作为前缀，在当前文件中建立新层。"插入"选项将不保留上述元素，而是将它们与当前文件中的同名元素合并。

⑥ 打开：可将选中的外部引用文件在当前窗口中打开。

⑦ 浏览：将打开"选择新路径"对话框，若选择一个新文件，将在当前图形中显示出

所选的图形文件块；若选择原文件，可用新文件替代已有的引用文件。

⑧ 保存路径：将保存显示于"发现外部参照于"输入框中的文件路径。

此外，还可采用直接在装配图中绘制各零件图形的方法，即设置各零件图层，在一个图层上绘制一个零件的全部图形（包括线型），通过关闭或打开各零件图层，修改装配图，此处不再赘述。

第二节　绘制装配图实例

例7-1　用插入图块法绘制螺栓联接的装配图，如图7-6所示。

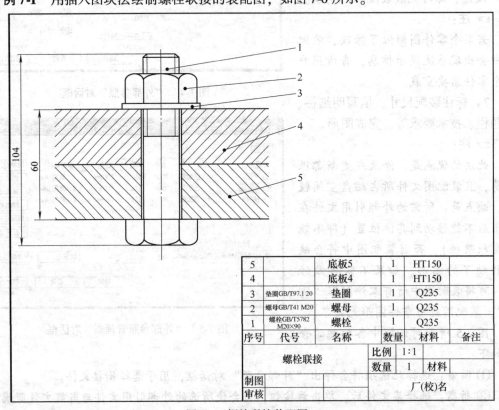

5		底板5	1	HT150	
4		底板4	1	HT150	
3	垫圈GB/T97.1 20	垫圈	1	Q235	
2	螺母GB/T41 M20	螺母	1	Q235	
1	螺栓GB/T5782 M20×90	螺栓	1	Q235	
序号	代号	名称	数量	材料	备注
螺栓联接			比例	1:1	
			数量	1	材料
制图				厂(校)名	
审核					

图7-6　螺栓联接装配图

图7-6所示装配图需要的零件图如图7-7所示（其中，螺栓、螺母、垫圈均采用了比例画法）。

绘图步骤如下：

1）调用样板文件建立一张新图（A4图幅，绘图环境已设置完毕）。

2）按照图7-7所示的尺寸画出螺栓的主视图，不标注尺寸，螺栓头部的比例画法如图7-8所示。执行"绘图"菜单/"块"/"创建"命令，将螺栓的主视图定义为一个图块，该图块的插入基点如图7-8所示。

3）按照图7-7所示的尺寸画出螺母的主视图，注意其主视图的画法与图7-8所示的螺栓头的画法相同，不标注尺寸。执行"绘图"菜单/"块"/"创建"命令，将螺栓的主视图定义为一个图块，该图块的插入基点如图7-9a所示。

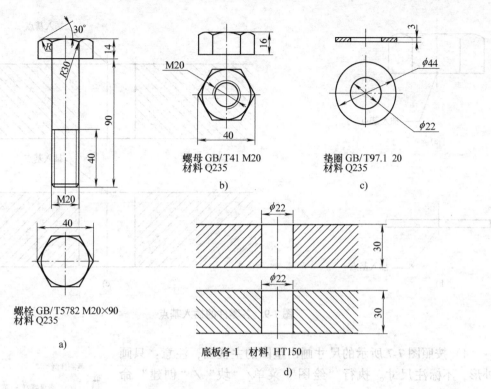

螺栓 GB/T5782 M20×90
材料 Q235

a)

螺母 GB/T41 M20
材料 Q235

b)

垫圈 GB/T97.1 20
材料 Q235

c)

底板各1　材料 HT150

d)

图 7-7　螺栓联接所需的零件图
a) 螺栓　b) 螺母　c) 垫圈　d) 底板

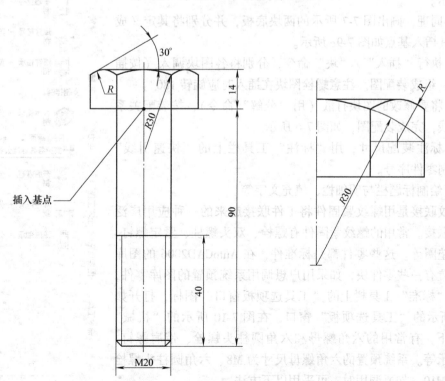

图 7-8　螺栓头的比例画法及插入基点

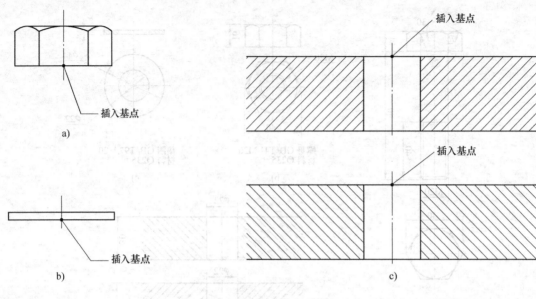

图 7-9　各零件的插入基点

4）按照图 7-7 所示的尺寸画出垫圈的主视图，注意：只画外形，不标注尺寸。执行"绘图"菜单/"块"/"创建"命令，将垫圈的主视图定义为一个图块，该图块的插入基点如图 7-9b 所示。

5）同理，画出图 7-7 所示的两块底板，并分别将其定义成图块，其插入基点如图 7-9c 所示。

6）执行"插入"/"块"命令，分别将各图块调入（按插入基点）组成装配图。注意螺栓图块在插入时应旋转 180°。

7）将要修改的图块打散（用"分解"命令），按装配关系修改图线，完成装配图，如图 7-6 所示。

8）标注装配尺寸，用"标注"工具栏上的"快速引线"命令绘制零件序号。

9）绘制标题栏与明细栏，填充文字等。

螺纹联接是用螺纹紧固件将工件联接起来的一种应用广泛的可拆联接。常用的螺纹紧固件有螺栓、双头螺柱、紧定螺钉、螺母和垫圈等。这些零件都是标准件，在 AutoCAD2006 的图库中，预置有一些零件块，如果用户想调用系统预置的图库零件，可单击"标准"工具栏上的"工具选项板窗口"图标，打开如图7-10所示的"工具选项板"窗口，在图 7-10 所示的"机械"选项卡下，有常用的六角螺母和六角圆柱头螺栓、带肩螺钉、滚珠轴承等。系统预置的六角螺母尺寸为 M8、六角圆柱头螺栓尺寸为 M10，如要调用时，可采用以下方法：

1）用左键单击某图形，然后将鼠标移动到图形中，这时，

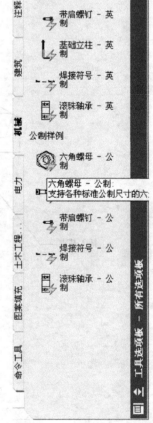

图 7-10　"工具选项板窗口"

鼠标指针处就带有图形在移动，此时命令行出现提示：

指定插入点或[基点(B)/比例(S)/X/Y/Z/旋转(R)/预览比例(PS)/PX/PY/PZ/预览旋转(PR)]：

此时如果在屏幕上单击一点，该图形便按默认的比例（大小）插入到单击点上；如果在出现上述提示时选择某项，例如，选择"S"，系统将会提示用户输入比例系数，输入比例系数后，将按用户输入的比例系数得到所需大小的图形；如果选择"R"，系统将会提示用户输入旋转角度，然后按用户输入的旋转角度插入该图形。

2）如果用户插入的是系统默认的图形大小，也可在插入后进行修改。例如，插入一个 M8 的螺母，要想把它改为 M10 的螺母，可单击选中它（注，插入的图形本身是一个图块），此时图形上出现了两个夹点，如图 7-11 所示，一个是圆心夹点（夹点功能见第八章），另一个夹点是用来改变尺寸大小的三角形夹点，单击它便出现了图 7-11 中的尺寸项，选择某项便可使图形的尺寸改变。

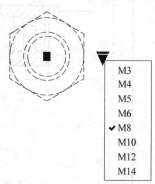

图 7-11 改变插入的图块大小

☞ **注：**

1）从"工具选项板"上插入的图形是一个图块，如果要对其中的某一条线段进行编辑（如修剪、移动等），必须先用"分解"命令将图块打散。

2）从"工具选项板"上插入的图形一般是插入到当前层上，且具有当前层的特性。例如，将螺母插入到 0 层上，它将属于 0 层，并具有 0 层的特性，如果将其插入到粗实线层上，它将随粗实线层的特性。例如，将螺母插入到粗实线层上，则该螺母中所有的线条都是粗实线，如要表现出螺纹的细实线部分，须将螺母打散后，再将螺纹的大径线改变到细实线层上。

3）用户还可通过"AutoCAD 设计中心"，调用其他图库零件创建到工具选项板上，此处不再赘述。

例 7-2 用插入图块法绘制键联结的装配图，如图 7-12 所示。本例所需的零件图如图 7-13 所示。

操作步骤如下：

1）调用样板文件建立一张新图（A4 图幅，绘图环境已设置完毕）。

2）按照图 7-13 所示的尺寸画出齿轮 1 的主视图，不标注尺寸。执行"绘图"菜单/"块"/"创建"命令，将齿轮的主视图定义为一个图块，该图块的插入基点如图 7-14 所示。

3）按照图 7-13 所示的尺寸画出轴 3 的主视图，不标注尺寸。执行"绘图"菜单/"块"/"创建"命令，将轴的主视图定义为一个图块，该图块的插入基点如图 7-14 所示。

4）按照图 7-13 所示的尺寸画出键 2 的主视图，不标注尺寸。执行"绘图"菜单/"块"/"创建"命令，将键的主视图定义为一个图块，该图块的插入基点如图 7-14 所示。

5）执行"插入"/"块"命令，分别将各图块调入（按插入基点）装配成图 7-12 中的主视图，先调入轴 3；再调入齿轮 1；再调入键 2。

6）将所需修改的图块打散，按装配关系修改主视图。

7）补画出图 7-12 中所需的 A—A 剖视图。

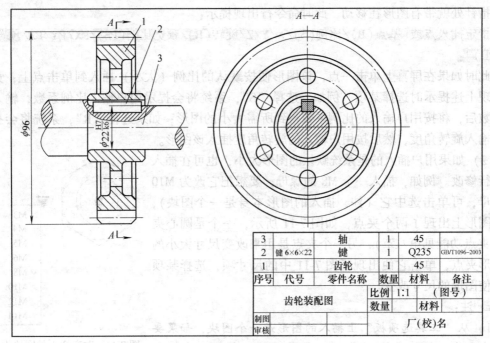

图 7-12 键联结装配图

3		轴	1	45	
2	键 6×6×22	键	1	Q235	GB/T1096—2003
1		齿轮	1	45	
序号	代号	零件名称	数量	材料	备注
齿轮装配图			比例	1:1	（图号）
			数量		材料
制图					厂(校)名
审核					

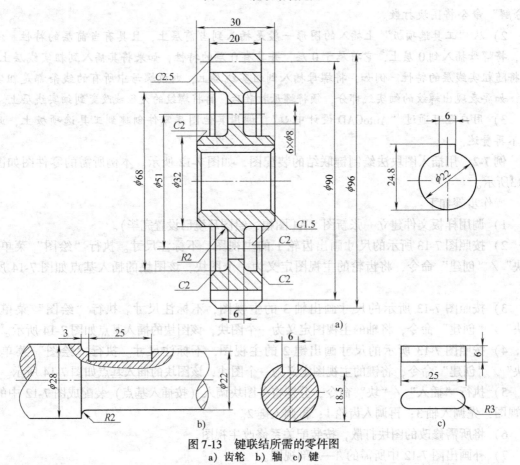

图 7-13 键联结所需的零件图
a) 齿轮 b) 轴 c) 键

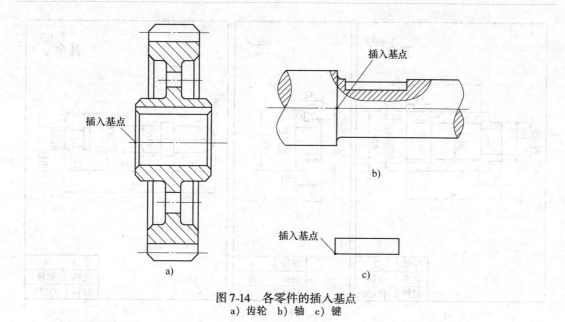

图 7-14 各零件的插入基点
a) 齿轮 b) 轴 c) 键

8）标注装配尺寸，用"标注"工具栏上的"快速引线"命令绘制零件序号。

9）绘制标题栏与明细栏，填充文字等，完成装配。

思考与上机练习

复习与思考

1. 绘制装配图有哪几种方法？各有什么优缺点？

2. 如果用插入图块法绘制装配图时，插入基点应该怎样选择？

3. 如果用插入文件法绘制装配图，为什么需要在文件插入前定义基点？基点在绘制装配图时起什么作用？

上机练习

练习1 参照图 7-15、图 7-16 所示的零件图，按 2:1 比例绘制图 7-17 所示的装配图（其中，标题栏和

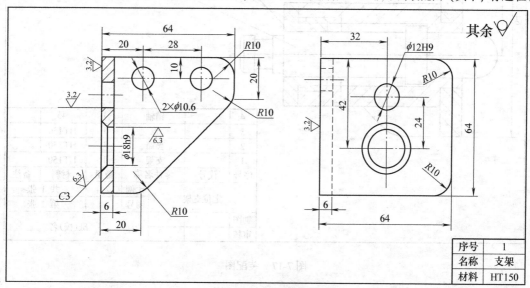

序号	1
名称	支架
材料	HT150

图 7-15 支架零件图

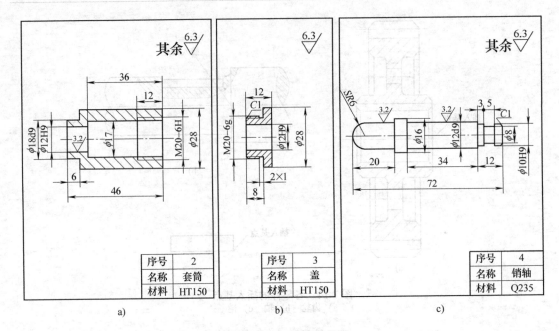

图 7-16 零件图
a) 套筒 b) 盖 c) 销轴

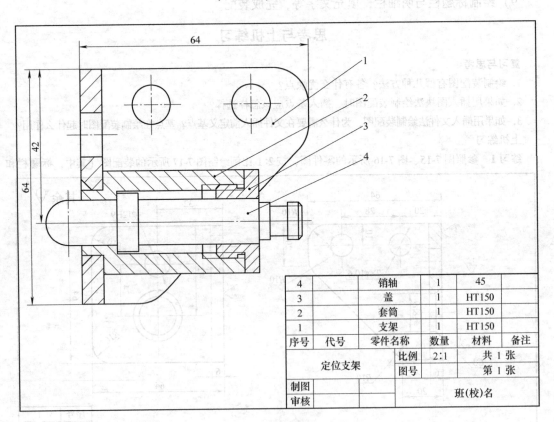

4		销轴	1	45	
3		盖	1	HT150	
2		套筒	1	HT150	
1		支架	1	HT150	
序号	代号	零件名称	数量	材料	备注
定位支架			比例	2:1	共 1 张
			图号		第 1 张
制图			班(校)名		
审核					

图 7-17 装配图

明细栏尺寸如图 7-18 所示)。

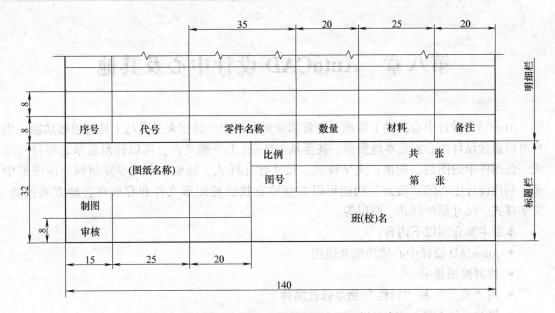

图 7-18　学校作业用的装配图标题栏与明细栏（建议）

练习 2　用 Wblock 命令将图 7-18 所示的标题栏和明细栏制做成公用图块。

第八章　AutoCAD 设计中心及其他

AutoCAD 设计中心提供了管理、查看和重复利用图形的强大工具与工具选项板功能，用户可以通过设计中心浏览本地资源、甚至从 Internet 上下载文件，可以轻而易举地将符号库或一张图样中的图层、图块、文字样式、尺寸标注样式、线型、布局等复制到当前图形中来。利用设计中心的"搜索"功能可以方便地查找已有图形文件和存放在各地方的图块、文字样式、尺寸标注样式、图层等。

本章主要介绍以下内容：

- AutoCAD 设计中心的功能及使用
- 控制视图显示
- 用"夹点"和"特性"命令修改实体
- 修改系统配置

第一节　AutoCAD 设计中心的功能及使用

一、AutoCAD 设计中心的启动与窗口组成

1. 启动 AutoCAD 设计中心

输入命令的方式：

➢ 单击标准工具栏中的"设计中心"按钮
➢ 单击菜单栏中的"工具"／"设计中心"命令
➢ 由键盘输入：Adcenter ↙
➢ 快捷键：Ctrl + 2

打开图 8-1 所示的"设计中心"窗口。

图 8-1　"设计中心"窗口

　　"设计中心"具有自动隐藏功能，右单击该窗口的标题栏，选择"自动隐藏"后，该窗口就只剩下标题栏在绘图区显示，移动鼠标到该标题栏上，窗口显示出来，直至取消自动隐藏功能为止。

2. 设计中心窗口的组成

　　(1) 工具栏　设计中心窗口的上方是工具栏，共有 11 个按钮，其功能如图 8-2 所示。

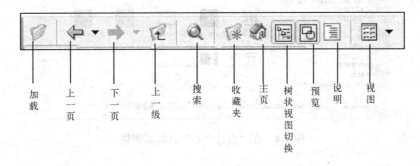

加载　上一页　下一页　上一级　搜索　收藏夹　主页　树状视图切换　预览　说明　视图

图 8-2　"设计中心窗口"的工具栏

　　1) 加载：可将选定的内容加入设计中心的内容显示框。

　　2) 搜索：可打开"搜索"对话框展开搜索功能。

　　3) 收藏夹：将打开 Windows 系统下的 Favorites/Autodesk 文件夹，以便快速查找。

　　4) 主页：用于在联机设计中心返回主页。

　　5) 树状视图切换：控制左边窗口的打开与关闭。

　　6) 预览：控制显示框（右边窗口）下部图形预览区的打开与关闭。

　　7) 说明：控制显示框下部文字预览区是否打开或关闭。

　　8) 视图：控制显示框中内容的显示方式（有"大图标"、"小图标"、"列表"、"详细资料"）。

　　(2) 选项卡　设计中心共有四个选项卡。

　　1) "文件夹"选项卡：类似于 Windows 的资源管理器，左边的树状结构显示系统的所有资源，右边则是某个文件夹中打开的内容显示。

　　如果在左侧树状结构中选择一个图形文件，右侧的窗口中将显示出八个项目（标注样式、表格样式、布局、块、图层、外部参照、文字样式、线型），如图 8-3 所示。

　　若双击右侧图标中的某一个，将打开该图标中所包含的内容，例如，双击"块"图标，将显示该图形文件中所有的块名称及图形形状；单击某图块的名称，在右侧显示框的下部预览区内将显示该图块的形状，如图 8-4 所示。

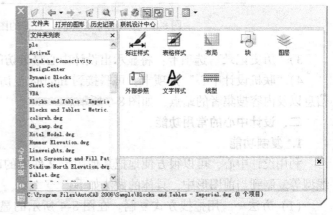

图 8-3　"设计中心"的"文件夹"选项卡

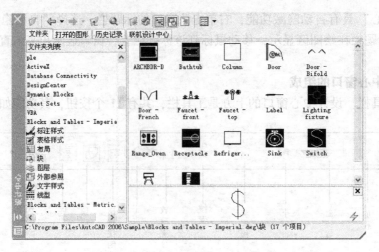

图 8-4　在"设计中心"选择某图块

　　此时，若右键单击该图块，可从快捷菜单中选择"插入块"命令，打开块"插入"对话框，可按指定的比例或角度将该图块插入到图形中。

　　2)"打开的图形"选项卡：将列出系统当前打开的所有图形文件，如图 8-5 所示。

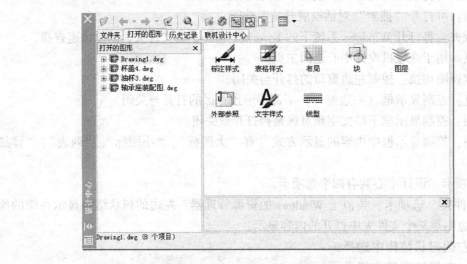

图 8-5　"设计中心"的"打开的图形"选项卡

　　3)"历史记录"选项卡：将显示出设计中心最近访问过的图形文件的位置和名称。

　　4)"联机设计中心"选项卡：可联接到 Internet，访问数以千计的符号、制造商的产品信息以及内容搜集者的站点，如图 8-6 所示。

　　二、设计中心的常用功能

　　1．复制功能

　　利用设计中心，可以很方便地把其他图形文件中的图层、图块、文字样式、标注样式、线型等复制到当前图形中，具体的做法如下：

　　（1）方法一　用拖拽方式复制。在图 8-4 所示的显示框中，选择要复制的一个或多个内容（图块、图层、文字样式、标注样式均可），用鼠标拖拽到当前图形中即完成复制。

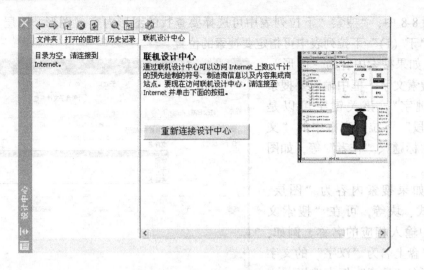

图 8-6 "设计中心"的"联机设计中心"选项卡

（2）方法二 用剪贴板复制，即在设计中心中选择要复制的内容后，右键单击该内容，选择"复制"命令，在当前窗口中右单击绘图区，选择"粘贴"，即完成复制。

2. 打开图形文件功能

（1）方法一 用右键菜单打开图形文件。在设计中心的内容显示框中，右键单击某图形文件名，选择"在应用程序窗口中打开"，即可将该文件打开并设置为当前图形，如图 8-7 所示。

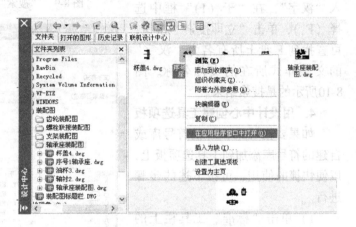

图 8-7 用右键菜单打开图形文件

（2）方法二 拖拽某图形文件到当前窗口的绘图区外（工具栏上或命令行上均可）即可打开该图形文件。

☞ **注:**

如果拖拽到绘图区内只能作为图块插入到当前图形中，而不是打开文件。

3. 查找功能

单击"设计中心"工具栏上的"搜索"按钮，可打开"搜索"对话框，如图 8-8 所示。

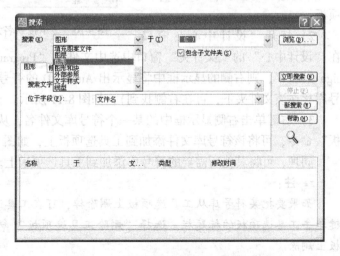

图 8-8 "搜索"对话框中显示查找内容

在图 8-8 中，"搜索"下拉列表中可选择要查找的图形内容（图形、图层、文字样式……）；"于（I）"下拉列表中可指定要搜索的位置。

1）如果搜索内容为"图形"，可在"搜索文字"框中输入要搜索的"关键字"，该关键字可以是"位于字段"下拉列表框中的"文件名"、"标题"、"作者"等，如图8-9 所示。

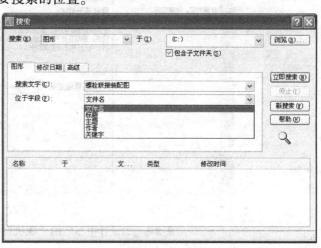

图 8-9　"搜索"图形文件的"搜索"对话框

2）如果搜索内容为"图层、文字样式、块等，可在"搜索文字"框中输入相应的名称。例如，要查找 F 盘上名为"汉字"的文字样式，可在"搜索"框中选择"文字样式"，在"搜索名称"框中输入"汉字"，在"于（I）"框中选择（F:)，单击"立即搜索"按钮，可查找到 F 盘上所有名为"汉字"的文字样式所在的文件名称。图8-10所示的是搜索结果。

4. 用设计中心创建工具选项板

如果要把 AutoCAD 的符号库或自建的符号库添加到工具选项板上，以便快捷的使用，可按下述的步骤进行。

1）单击"标准"工具栏上的"工具选项板"按钮，打开工具选项板。

2）打开"设计中心"窗口，

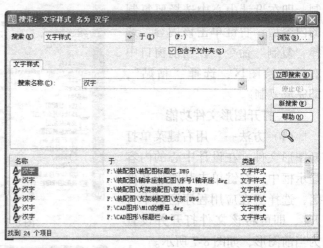

图 8-10　显示搜索名为"汉字"的文字样式的搜索结果

在"设计中心"的"文件夹"窗口中选中文件夹"Program Files/AutoCAD 2006/Sample/Design Center"，则右侧的显示框中将显示出 AutoCAD 的符号库中的图形文件（若将自建的符号库存在该文件夹下，可在右侧找到），如图 8-11 所示。

3）右键单击右侧显示框中的某一个符号库文件名，从快捷菜单中选择"创建工具选项板"命令，可将该符号库文件添加到工具选项板上，如图 8-12 所示。

同理，可将其他所需要的符号库添加到工具选项板上。

☞ **注：**

如果要把某符号库从工具选项板上删除掉，可在工具选项板上将该符号库置为当前，右键单击工具选项板的标题栏，选择"删除工具选项板"命令，即可将该符号库从工具选项板上删除。

单击选中工具选项板中的符号，再在绘图区单击指定插入点，即可将工具选项板上的符

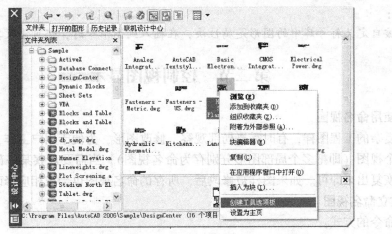

图 8-11 显示符号库内容的"设计中心"对话框

号插入到当前图形中。

5. 自建符号库

操作步骤如下:

1) 在一个图形文件中画出自定义符号库中需要的符号,如粗糙度符号、基准符号、标题栏等。

2) 将文件保存在"C:\Program Files\AutoCAD 2006\Semple\DensignCenter"下,即完成自建符号库的操作。

3) 如要将该符号库添加到工具选项板上,可打开"工具选项板"窗口,再打开"设计中心"窗口,在左侧的"文件夹"窗口中打开:"C:\Program Files\AutoCAD 2004\Semple\DensignCenter",此时,在右侧的显示框中将出现自定义的符号库文件名,右键单击该符号库文件名,从快捷菜单中选择"创建工具选项板"命令,即可将自建的符号库添加到工具选项板上,此时工具选项板上将出现自定义的符号库,如图 8-13 所示。

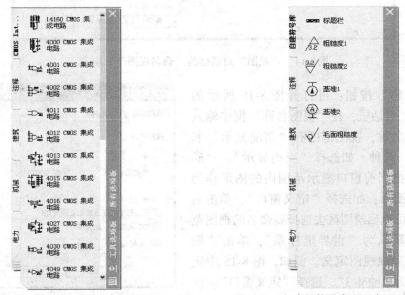

图 8-12 新建的工具选项板项目   图 8-13 自建的符号库出现在工具选项板上

☞ **注：**

如果该自定义符号库中的图形是属性块，在插入到图形中时，仍可修改其属性值插入。

第二节　控制视图显示

一、使用命名视图

对于复杂的工程图样，有时需要局部观察、修改图形，为便于用户工作，可在一张图样上创建多个视图（即把多个局部图形分别存为命名视图），当需要观察某一部分视图时，可将该视图恢复出来即可。如果图样被修改后，所存的命名视图也会被相应修改。

1．建立命名视图

输入命令的方式：

➤ 单击视图工具栏中的"命名视图"按钮 □

➤ 单击菜单栏中的"视图"/"命名视图"命令

➤ 由键盘输入：View ↙

打开"视图"对话框的"命名视图"选项卡，如图 8-14 所示。

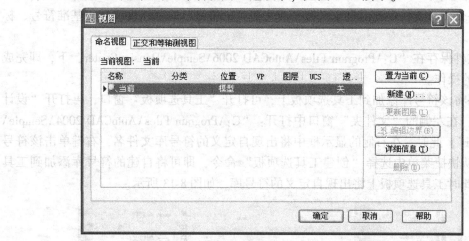

图 8-14　"视图"对话框的"命名视图"选项卡

1）"新建"按钮：可打开图 8-15 所示的"新建视图"对话框，在"视图名称"框中输入所建视图的名称，视图范围有"当前显示"和"定义窗口"两种。如选择"当前显示"，"确定"后，即把当前窗口显示范围内的图形作为命名视图的图形；如选择"定义窗口"，单击右侧的按钮，可返回绘图区去选择要命名的视图范围。坐标系默认为"世界坐标系"，单击"确定"按钮后完成视图定义。例如，图 8-15 中定义视图名称为"油杯 3"，选择"定义窗口"。

2）置为当前：可将图 8-16 中选中的命名视

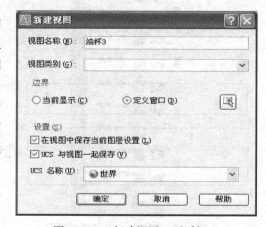

图 8-15　"新建视图"对话框

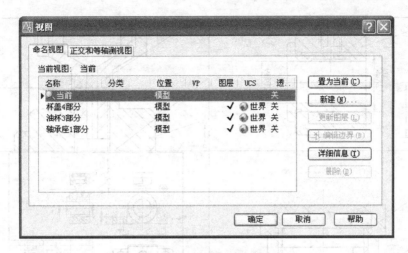

图 8-16 "命名视图"选项卡

图置为当前视图,关闭对话框后,可在绘图区显示出来。

3)详细信息:可打开"视图详细信息"对话框,显示出图 8-16 中选中的命名视图的详细信息。

"正交和等轴测视图"选项卡如图 8-17 所示,用户可在列表框中选择标准的正交视图或等轴测视图,作为当前视图(一般用于多视口 3D 绘图)。

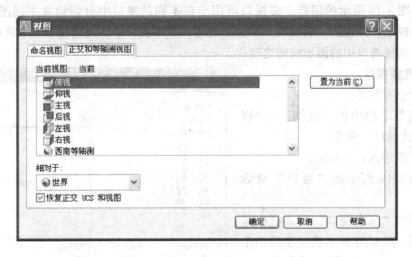

图 8-17 "正交和等轴测视图"选项卡

2. 使用命名视图

在 AutoCAD 中,可以一次命名多个视图,当需要重新使用一个命名视图时,只需要将该视图恢复到当前视口中即可。

方法为:在"视图"对话框的"命名视图"选项卡中(见图 8-16),选中要置为当前的视图名称,单击"置为当前"并"确定"后,即完成操作。

如果将绘图区划分为几个视口,可在每个视口中显示不同的命名视图(视口的定义见本节二、使用视口),图 8-18 为将绘图区分为四个视口,而四个视口中分别显示不同的命名

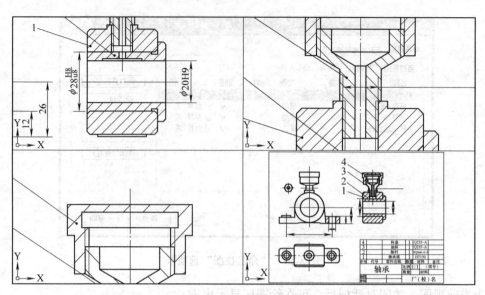

图 8-18　分别在四个视口中显示不同的命名视图

视图的情况。

二、使用视口

　　在绘制二维图形时，为了方便编辑，有时希望在绘图区既要显示出全图，又要显示某局部图形，如图 8-18 所示的那样。多视口可用于在不同的视口中分别建立主视图、俯视图、左视图、右视图、仰视图、后视图、等轴测图等，在多视口中，无论在哪一个视口中绘制和编辑图形，其他视口中的图形将随之变化。

1．创建多视口

输入命令的方式：

　➢ 单击菜单栏中的"视图"/"视口"/"新建视口"命令

　➢ 由键盘输入：Vports ✓

　　打开图 8-19 所示的"视口"对话框。

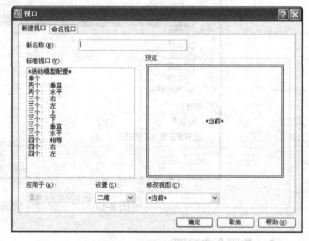

　　在左侧的"标准视口"列表框中选中某种类型，图 8-20 所示选择了的四个相等视口，如为二维图形，可在"设置"框中选中"二维"，然后分别单击每个视口，在"修改视图"框中选择不同的命名视图赋予此视口，如图 8-20 所示。图 8-21 所示为设置的结果。

图 8-19　"视口"对话框

　　如果需要将创建的多视口保存，可在"新名称"框中输入所建视口的名称即可，单击"确定"按钮后，便可得到图 8-18 所示的图形。

2．合并视口

　　1）如果要将全部视口合并为一个视口，先选择一个主要视口，然后从菜单命令中选择"视图"/"视口"/"一个视口"，即将多视口合并为一个视口。

2）如果只是要合并多视口中相邻的两个视口，可选择"视图"/"视口"/"合并"命令，此时，系统要求用户选择一个视口为作为主视口，再选择一个相邻视口，便完成两个相邻视口的合并。

三、使用鸟瞰视图

在绘制较大的专业图样时，会经常使用 Zoom（显示缩放）和 Pan（显示平移）命令，而且图形越大，这两个命令的使用率就越高，要想快速找到观察的部位就越困难，而使用鸟瞰视图这个辅助工具，可使平移视图和缩放视图的操作可视化，用户可以在另外一个独立的窗口中显示整个图形视图，以便快速移动到目的区域。在绘图时，如果鸟瞰视图处于打开状态，则可以直接进行缩放和平移，而无需选择菜单命令或输入命令。

输入命令的方式：

➤ 单击菜单栏中的"视图"/"鸟瞰视图"命令

➤ 由键盘输入：Dsviewer ↙

打开"鸟瞰视图"视窗如图8-22所示（右下角为鸟瞰视图视窗）。

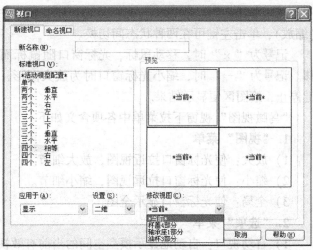

图 8-20 选择四个视口并分别为其设置命名视图

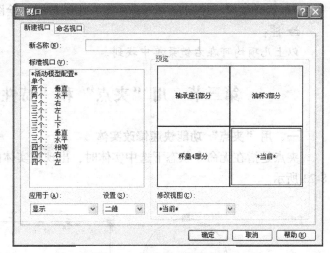

图 8-21 四个视口设置结果

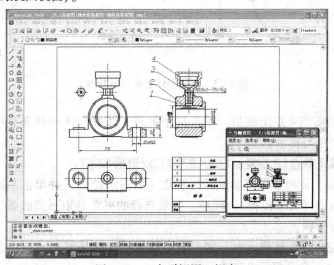

图 8-22 "鸟瞰视图"视窗

在"鸟瞰视图"视窗中，光标呈窗口状，窗口中有一个记号"×"（平移）或"→"（缩放），单击左键可在两种状态间切换。

记号为"×"时，移动鼠标，光标窗口随鼠标而移动，此时，绘图区中图形便产生平移。记号为"→"时，缩小光标窗口时为放大图形，放大光标窗口时为缩小图形。单击右键停止，绘图区便显示结果。

"鸟瞰视图"视窗下拉菜单中各项含义如下：

1. "视图"菜单

1) 放大：使光标窗口拉近视图，放大细节。

2) 缩小：使光标窗口拉远视图，缩小细节。

3) 全局：使光标窗口显示全图。

2. "选项"菜单

1) 自动视口：自动地显示模型空间的当前有效视口。

2) 动态更新：控制"鸟瞰视图"的内容是否随图形的改变而改变。

3) 实时缩放：控制在"鸟瞰视图"中缩放时，绘图区是否显示实时变化。

☞ **注：**

以上几项均可在右键菜单中找到。

第三节 用"夹点"和"特性"命令修改实体

一、用"夹点"功能快速修改实体

夹点是指在无命令状态下选中实体时，出现在实体的特定点上的一些蓝色小方框，如图8-23所示。

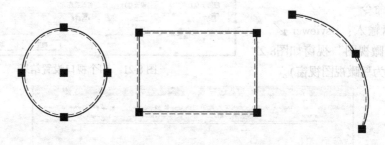

图 8-23 常用实体上夹点的位置

（1）拉伸 是指当夹点出现后，单击某个夹点，该夹点便会高亮显示，此时，命令区会出现一条控制命令与提示：

指定拉伸点或 [基点(B)/复制(C)/放弃(U)/退出(X)]：

如图8-24所示，此时如果移动鼠标到某处（如图示位置）并单击左键确认，该圆的半径将被修改为图示值（完成拉伸）。同理，如果选择的夹点是矩形或圆弧，将改变矩形的形状和圆弧的半径与形状。

（2）移动 在出现上述提示时，如果未移动鼠标，而是回车（或单击右键，从快捷菜单中选择"移动"），命令提示会变为：

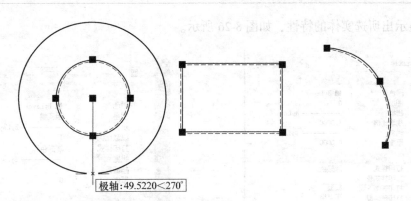

极轴:49.5220<270°

图 8-24　利用夹点的拉伸功能改变圆的半径

指定移动点或 ［基点(B)/复制(C)/放弃(U)/退出(X)］:

此时在绘图区指定一点，该图形便会随夹点移动到此位置上（该夹点移到指定点上）。

（3）旋转　如果在上一条提示出现后，未做任何操作，还是回车（或单击右键），命令提示将变为:

指定旋转角度或 ［基点(B)/复制(C)/放弃(U)/参照(R)/退出(X)］:

此时，直接输入角度后回车，可将图形旋转到指定角度（或按 R 选项，输入参照角旋转）。

（4）缩放　同理，如果在上一条提示未操作时回车，命令提示将变为:

指定比例因子或 ［基点(B)/复制(C)/放弃(U)/参照(R)/退出(X)］:

直接输入缩放的比例因子，可使图形按指定的比例产生缩放。

（5）镜像　重复上述空响应，命令提示变为:

指定第二点或 ［基点(B)/复制(C)/放弃(U)/参照(R)/退出(X)］:

此时，如在绘图区指定一点（即第二点），系统会将夹点（作为第一点）与指定点的连线作为镜像轴将实体生成镜像。

（6）复制　在上述任一提示中，如选择C，系统会提示指定移动点，将实体复制到该移动点上。

☞ 注:

提示中的基点（B），用于指定拉伸、移动等操作的基点位置。

二、用"特性"命令修改实体

对于已有的单个实体，也可通过"特性"命令进行全方位的修改，如直线、圆、圆弧、多段线、矩形、正多边形、椭圆、样条曲线、文字、尺寸、剖面线、图块等基本属性和几何特性，该命令也可修改多个实体上共有的实体特性，根据所选实体的不同，系统将分别显示不同内容的"特性"对话框。

命令的输入有两种方式:

1）先输入命令:

➤ 单击标准工具栏上的"对象特性"按钮

➤ 由键盘输入: Properties ↙

在弹出的对话框（见图8-25）中，单击"选择对象"按钮，返回绘图区选择实体后，图中才能显示出所选实体的特性，如图 8-26 所示。

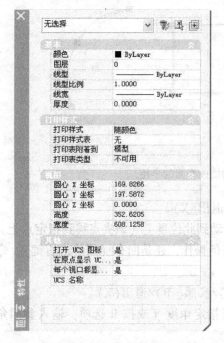

图 8-25　未选择实体时打开的"特性"对话框　　　图 8-26　显示"圆"实体特性的对话框

2）在无命令状态选中某一实体，再单击右键，从快捷菜单中选择"特性"命令，此时，在弹出的对话框中直接显示出所选实体的特性值，如图 8-26 所示。在图 8-26 中可直接修改实体的特性值，如图层、颜色、线型、线型比例、线宽、圆心坐标、半径等。

☞**注：**

在"特性"对话框不关闭情况下修改即可生效。"特性"对话框具有自动隐藏功能，可通过右键单击"特性"对话框的标题栏，选择"自动隐藏"即可。

第四节　修改系统配置

在绘图时，用户可根据自己的需要修改系统所提供的默认配置内容。

输入命令的方式：

➤ 单击菜单栏中的"工具"/"选项"命令

➤ 由键盘输入：Options ↙

弹出"选项"对话框如图 8-27 所示。下面仅介绍常用的几个选项卡内容。

（1）"文件"选项卡　该选项卡用于设置 AutoCAD 查找支持文件的搜索路径，如图 8-27 所示。

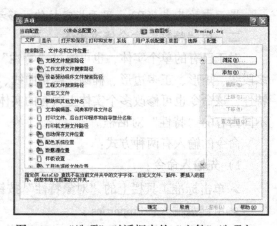

图 8-27　"选项"对话框中的"文件"选项卡

（2）"显示"选项卡　图 8-28 所示为"显示"选项卡中的内容，可修改窗口元素、显示精度、布局元素、显示性能、十字光标大小、参照编辑的褪色度等。

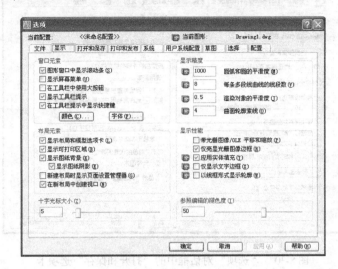

图 8-28　"选项"对话框中的"显示"选项卡

例如，要修改绘图区背景颜色。

单击窗口元素区的"颜色"按钮，将弹出图8-29所示的"颜色选项"对话框，选中"模型空间背景"，在"颜色"下拉列表中重新选择绘图区背景颜色，再单击"应用并关闭"按钮即完成修改。

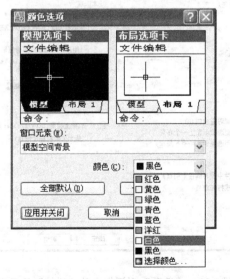

图 8-29　修改模型空间背景颜色的"颜色选项"对话框

要修改十字光标的大小，可在图 8-28 中拖动滑块往左或往右移动。

（3）"打开和保存"选项卡　如图 8-30 所示，该选项卡用于设置系统打开和保存文件的格式、安全措施、外部参照、应用程序等。

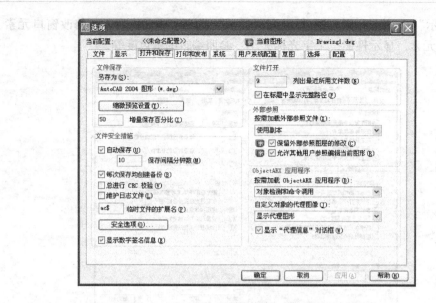

图 8-30 "选项"对话框中的"打开和保存"选项卡

（4）"系统"选项卡 如图 8-31 所示，该选项卡用于设置基本选项、数据库链接选项、当前定点设备、当前三维图形显示及是否显示启动对话框等。

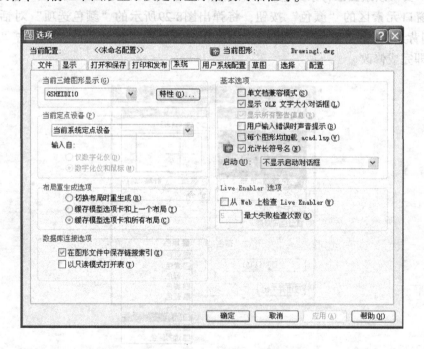

图 8-31 "选项"对话框中的"系统"选项卡

（5）"用户系统配置"选项卡 如图 8-32 所示，它主要用于设置线宽显示的方式、用户自定义鼠标右键功能，还可以修改 Windows 标准等。

其他选项卡内容略。

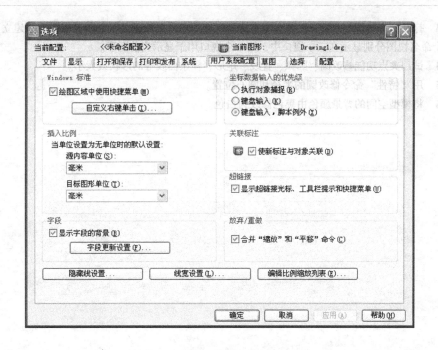

图 8-32　"选项"对话框中的"用户系统配置"选项卡

思考与上机练习

复习与思考

1. AutoCAD 的设计中心有什么功能？怎样从设计中心复制某图形文件中的"标注样式"到当前图形中。

2. 在 AutoCAD 的设计中心，如果要将某图形文件中的绘图环境（如图层、线型、图块等）复制到当前图形中来，应该怎样操作？

3. 在 AutoCAD 中，使用什么命令可创建视口？

4. 实体的"特性"功能可以进行什么操作？怎样打开"特性"对话框？可用于修改什么特性？

5. "夹点"功能可以实现哪些编辑功能？

上机练习

练习1　利用设计中心的复制功能为新文件复制建立图层、线型、文字样式、标注样式、图块等。

操作提示：

1）打开磁盘上已有的图形文件（或样板文件），以下称旧文件。

2）新建一图形文件，设置图幅、画出线框并将新建的文件置于当前窗口。

3）打开设计中心（"工具"／"设计中心"），在"打开的图形"选项卡中，可见到上述两个图形文件的文件名。

4）单击旧文件名，在右侧窗口中可见到八个文件夹，双击图层，右侧窗口中将列出旧文件所建立的全部图层名，通过右键采用"复制—粘贴"法或左键拖拽法均可，将旧文件中的图层名复制到当前新图形文件中。

5）同理，可复制线型、文字样式、标注样式、图块等。

练习2　参照本章第一节中的二、4. 所述的方法，添加工具选项板。

练习3 打开已有的某一图形文件，参照本章第二节为图形文件建立三个命名视图，并建立四个视口，将上述三个命名视图分别显示在三个视口中，第4个视口用于显示当前图形。

练习4 试用夹点功能修改圆、圆弧、直线、矩形、样条曲线等的形状或大小。

练习5 用"特性"命令修改圆的半径和圆心位置。

练习6 将模型空间的背景颜色由黑色修改为白色。

第九章 3D 实体的绘制

在 AutoCAD 中，绘制三维实体的方法有多种，例如有线结构、面结构、实体结构等，同一个三维实体也可用不同的方法绘制。本章主要通过用基本实体命令来绘制基本实体、由 2D 对象生成 3D 实体、直接生成 3D 实体等来介绍 3D 图形的绘制。

本章主要介绍以下内容：

- 基本实体的绘制
- 由 2D 对象生成 3D 实体
- 直接绘制 3D 实体

第一节 基本实体的绘制

AutoCAD 提供的基本实体主要有：长方体、圆柱体、圆球、圆锥体、三棱柱体、圆环等，绘制这些基本实体时，可用"绘图"菜单下相应的命令，但更方便的是用"实体"工具栏来绘制。绘制时，可在一个视口中绘制，也可采用多视口绘制。

"实体"工具栏的内容如图 9-1 所示。

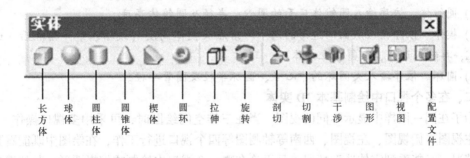

图 9-1   "实体"工具栏

一、在一个视口中绘制基本 3D 实体

下面以绘制长方体为例，说明其操作步骤。

1）新建一张图，进行绘图环境设置（如 A3 图幅，线型为细实线或粗实线均可。建议线的颜色采用"9"号颜色或"41"号颜色）。

2）单击实体工具栏中的"长方体"按钮。

3）在绘图区单击左键，选定长方体底面的第一角点。

4）再输入长方体的第二角点〔例如，底面为 100×60 的长方体，第二角点相对于第一角点可为（100，-60）〕。

5）输入长方体的高度 70 并回车，即完成长方体的绘制。

6）选择菜单"视图"/"三维视图"/"西南等轴测"命令，便可见到图 9-2a 所示的长方体轮廓。

7）再选择菜单"视图"/"着色"/"带边框体着色"命令，可得到图 9-2b 所示的实体。

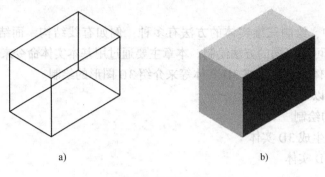

a)   b)

图 9-2　绘制长方体

a）长方体的西南等轴测图　b）长方体实体造型

☞**注：**

其他基本实体的绘制方法大致相同，应注意以下几点：

1）圆柱体。依序输入圆柱体底面的中心点、半径及高度（如选择椭圆形（E），依序输入一轴线的第 1、2 端点，另一轴的半长及椭圆柱的高度）。

2）圆球。依序输入球心、半径。

3）圆锥体。依序输入圆锥体底面的圆心、半径及圆锥体高度。

4）楔体。依序输入底面四边形的两个对角点及楔体高度（或输入第一角点后，选择立方体 C，再输入边长，可得正立方体）。

5）圆环。依序输入大圆环的中心点、圆环半径及圆管半径。

二、在多个视口中绘制基本 3D 实体

为了在同一图样中显示不同的视图，当在三维空间绘图时，可采用多视口操作。例如，建立主视图、俯视图、左视图、西南等轴测图等四个视口进行工作，在绘图中既能看到三视图的情况，又能看到实体造型情况，且无论在哪一个视口中绘制或编辑图形，其他视口中的图形将随之变化。

1. 建立四个视口

输入命令的方式：

➢ 单击菜单栏中的"视图"/"视口"/"新建视口"命令

➢ 由键盘输入：Vports↙

打开"视口"对话框，如图 8-19 所示。

1）在"新建视口"选项卡的标准视口列表框中选择"四个相等"，此时右侧的预览区中将显示出四个相等的视口。

2）在"设置"下拉列表框中选择"三维"，此时右侧预览区中将显示出默认的四个视图名称，如图 9-3 所示。

3）分别单击每个视口，选择"修改视图"下拉列表框中的"主视图"、"俯视图"、

"左视图"、"西南等轴测"等，将四个视口设置为常用的四种视图形式，如图9-4所示，再单击"确定"按钮，绘图区便分为四个视口。

☞注：

如果用户经常使用这四个视口，可在"新名称"框中输入新建视口的名称，将其保存，以便随时打开使用。例如，取名为"常用的四个视口"，单击"确定"保存，这样，该视口名称将会出现在"视口"对话框的"命名视口"选项卡中，下次再用时，只需打开"视口"对话框的"命名视口"选项卡，选中该视口名称，单击"确定"按钮即可将该视口设置完毕。

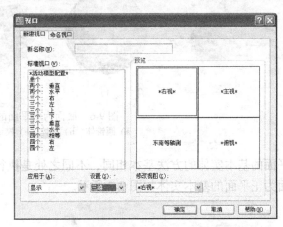

图9-3 "设置"框中选择"三维"后显示四个默认的视口名称

2. 在四个视口中绘制基本 3D 实体

（1）在俯视图视口执行基本实体命令，可绘制出底面为水平面的基本实体。

例 9-1 绘制底面为水平面的圆柱体。

操作步骤如下：

1）单击"俯视图"视口，将该视口置为当前视口。

2）单击实体工具栏上的"圆柱体"图标，按提示在俯视图中输入圆柱体的中心点、底面半径和高度，完成圆柱体的绘制。

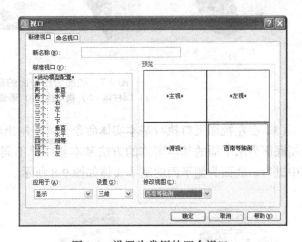

图9-4 设置为常用的四个视口

3）单击"西南等轴测图"视口，将其置为当前视口，执行"视图"/"着色"/"带边框体着色"命令，可得到图9-5所示的图形。

同理，在"俯视"视口中可绘制出底面为水平面的其他基本实体的图形，如图9-6所示。

（2）在主视图视口执行基本实体命令，可绘制出底面为正平面的基本实体 操作方法与绘制底面为

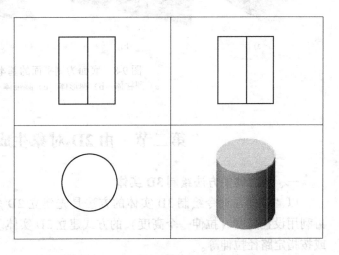

图9-5 在"俯视"视口中绘制的圆柱体

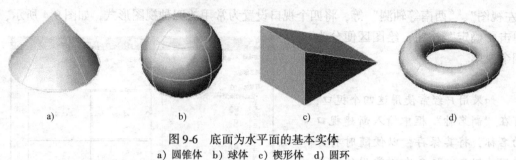

图 9-6　底面为水平面的基本实体
a）圆锥体　b）球体　c）楔形体　d）圆环

水平面的基本实体的方法基本相同，不同之处是执行绘图命令是在"主视"视口中进行的。底面为正平面的基本实体如图 9-7 所示。

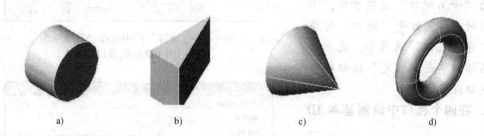

图 9-7　底面为正平面的基本实体
a）圆柱体　b）楔形体　c）圆锥体　d）圆环

（3）在左视图视口执行基本实体命令，可绘制出底面为侧平面的基本实体　操作方法与绘制底面为水平面的基本实体的方法基本相同，不同之处是执行绘图命令是在"左视"视口中进行。底面为侧平面的基本实体如图 9-8 所示。

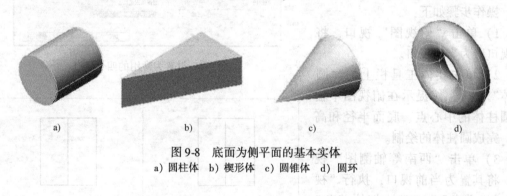

图 9-8　底面为侧平面的基本实体
a）圆柱体　b）楔形体　c）圆锥体　d）圆环

第二节　由 2D 对象生成 3D 实体

一、用拉伸的方法绘制 3D 实体

以"拉伸"命令绘制 3D 实体的方法是先建立 2D 多段线、圆或椭圆等整体封闭对象，再利用设置高度（拉伸一个高度）的方式建立 3D 实体。在拉伸的方法上有按给定高度拉伸或按指定路径拉伸等。

1. 按给定高度拉伸成 3D 实体

（1）拉伸底面为水平面的 3D 实体

例 9-2　绘制底面为水平面的正六棱柱和正六棱台。

操作步骤如下：

1）设置俯视图视口为当前视口，用正多边形命令绘制正六边形。

2）单击"实体"工具栏中的"拉伸"命令，按提示选中封闭正六边形，指定拉伸高度，再指定拉伸角度（六棱柱无倾斜角度可回车默认 0°），可得到图 9-9a 所示的结果。

3）单击"西南等轴测"视口，将其置为当前视口，执行"视图"／"着色"／"带边框体着色"命令，可得到图 9-9b 所示的六棱柱。

4）若拉伸时指定拉伸角度为 10°，着色后，可得到图 9-9c 所示的六棱台。

采用同样方法，可拉伸出图 9-10 所示的实体图形。

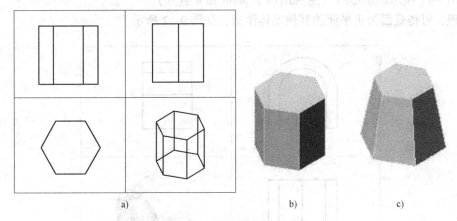

a)　　　　　　　　　　　　　b)　　　　　　c)

图 9-9　绘制底面为水平面的 3D 实体（一）

a）底面为水平面的 2D 图形拉伸后　b）六棱柱　c）六棱台

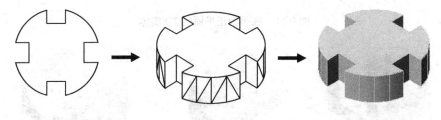

图 9-10　绘制底面为水平面的 3D 实体（二）

（2）拉伸底面为正平面的 3D 实体　操作步骤与绘制底面为水平面的 3D 实体相同，不同之处在于绘图是在主视图视口中进行的。

☞ **注：**

对于要拉伸的图形，其形状可以是任意的（如图 9-10 中的图形），但必须是封闭的。由于多段线易于编辑，故最好用多段线命令（Pline）画线。如果图形不是一段线画完的（或通过修剪等产生多个接头点），拉伸前须用 Pedit 命令将其整合成一条线。

用 Pedit 命令整合的方法如下：

命令：pedit

选择多段线或［多条（M）］：m

选择对象：用鼠标拖框选择或一个一个地选择

选择对象：单击右键或回车确认

是否将直线和圆弧转换为多段线？［是(Y)/否(N)]? <Y>:y

输入选项

［闭合(C)/打开(O)/合并(J)/宽度(W)/拟合(F)/样条曲线(S)/非曲线化(D)/线型生成(L)/放弃(U)]:j

合并类型 = 延伸

输入模糊距离或［合并类型(J)] <0.0000>：按回车键确认

按回车键结束。

如图 9-11 所示的拱形门（主视图用了 pedit 命令合并）。

同理，可得底面为正平面的其他实体图形，如图 9-12 所示。

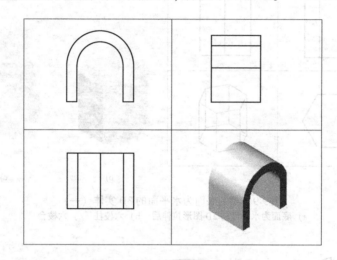

图 9-11　底面为正平面的 3D 实体

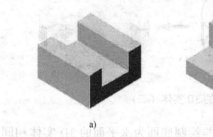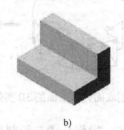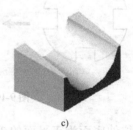

图 9-12　底面为正平面的 3D 实体
a)、b) 无拉伸角度　c) 有拉伸角度

（3）拉伸底面为侧平面的 3D 实体　方法同上，绘制图形在左视图视口中进行，举例略。

2. 按指定路径拉伸成 3D 实体

沿指定路径拉伸的 3D 实体，路径可以是圆、椭圆，也可以是由圆弧、椭圆弧、多段线、样条等组合的曲线，路径可以封闭，也可以不封闭。操作方法与上述的方法基本相同，不同之处是：

1) 绘制的图形除了原图形外，还需再绘制一条路径线。

2) 在执行拉伸命令时，当系统提示：

指定拉伸高度或［路径（P）］：p（此时选择P，按回车键）

选择拉伸路径或［倾斜角］：用鼠标去选择路径曲线

图 9-13 所示为沿曲线路径拉伸的实体示例。

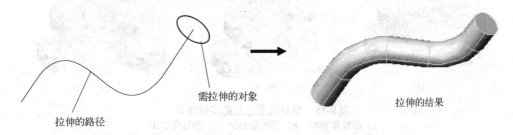

拉伸的路径　　需拉伸的对象　　拉伸的结果

图 9-13　沿路径拉伸生成 3D 实体

二、用旋转的方法绘制回转实体

以"旋转"命令绘制回转实体的方法是：先建立 2D 多段线、圆、椭圆或样条曲线等整体封闭对象，再以指定旋转轴的方式建立 3D 实体。如果用直线或圆弧命令绘制旋转用的 2D 图形，在旋转前必须用 Pedit（编辑多段线）命令将它们转换为多段线，并合并为单条封闭线，然后再旋转。作为旋转轴的轴线，可以是直线、多段线，也可以是通过指定两点所决定的直线。

例 9-3　绘制轴线为铅垂线的回转实体（用四个视口法）。

操作步骤如下：

1) 在主视口中用"多段线"（Pline）命令绘制出封闭的 2D 正平面图形。

2) 在主视口中用直线命令画出旋转轴线（铅垂线），如图 9-14 所示。

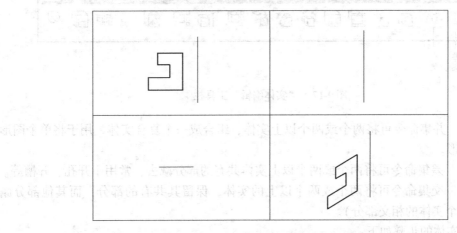

图 9-14　绘制旋转的 2D 图形及旋转轴线

3) 单击"实体"工具栏中的"旋转"按钮。

4) 按提示：选择旋转对象→指定旋转轴（选择"对象（O），再去选择轴线）→输入旋转角度（默认 360°）→回车确认。

5）将"西南等轴测"视口置为当前视口，执行"视图"／"着色"／"带边框体着色"命令，得到图 9-15a 所示实体的效果（生成后将轴线删除即可）。

☞ 注：

旋转角度为 360°时生成完整的回转体，不足 360°将生成部分回转体，如图 9-15b、c 所示。

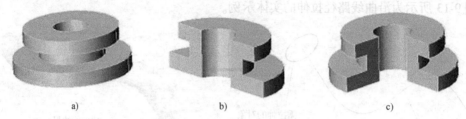

图 9-15　旋转及着色后的实体效果
a）旋转角 360°　b）旋转角 180°　c）旋转角 270°

同理，可生成轴线为正垂线的回转实体（在俯视视口中绘制）；轴线为侧垂线的回转实体（在主视视口中绘制）。

例 9-4　读者可参照上述方法绘制图 9-16 所示的酒杯。

三、绘制组合实体

用前面介绍的方法将所创建的实体模型进行布尔运算（即并集、差集、交集 3 种运算），可生成叠加型、切割型的组合体实体。

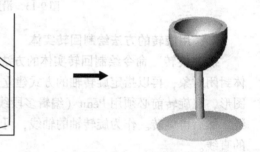

图 9-16　旋转生成酒杯的造型

右键单击某图标按钮，打开"实体编辑"工具栏，如图 9-17 所示。

图 9-17　"实体编辑"工具栏

（1）并集　并集命令可将两个或两个以上实体，组合成一个复合实体，用于将单个图形组合为组合图形。

（2）差集　差集命令可将两个或两个以上实体共有的部分减去，常用于开孔、开槽等。

（3）交集　交集命令可将两个或两个以上的实体，保留其共有的部分，而其他部分删除（用于求两个实体的相交部分）。

绘制组合实体的步骤如下：

1）创建一个基本实体，再用捕捉定位绘制其他实体。

2）如果位置不合适，可用移动、旋转等（修改工具栏上的）编辑命令将其准确定位。

3）进行布尔运算（叠加用"并集"，切割用"差集"，求相交体用"交集"）。

例 9-5 用叠加法绘制图 9-18 所示两个圆柱体相贯的组合实体。

本例采用四个视口绘图法。

1）绘制一个底面为侧平面的大圆柱体。在"左视"视口中绘制大圆柱的底面圆，并拉伸成实体。

2）绘制一个底面为水平面的小圆柱体。在"俯视"视口中绘制小圆柱的底面圆，拉抻前用捕捉准确定位，若上下位置不合适，可用"移动"命令在"主视"或"左视"视口中将小圆柱调整到位，如图 9-19 所示。

图 9-18 两圆柱相贯

3）进行并集运算，单击"实体编辑"工具栏中的"并集"按钮，按提示选择所有要叠加的实体，确定后所选实体将组合为一个实体，如图 9-20 中出现相贯线。

4）着色后便得到图 9-18 所示的图形。

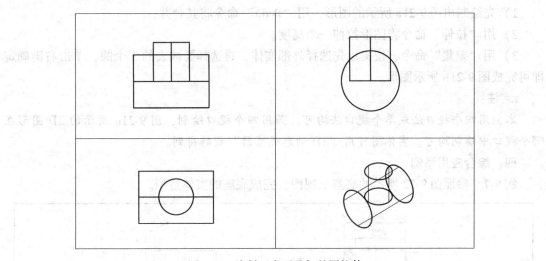

图 9-19 绘制两个要叠加的圆柱体

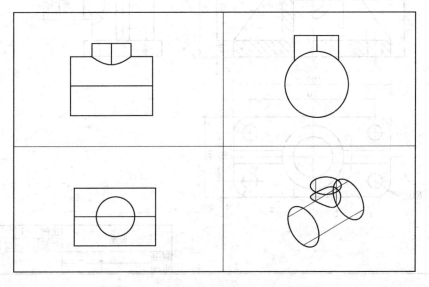

图 9-20 并集运算后得到两圆柱相贯

例9-6 用切割法绘制图9-21b所示的实体

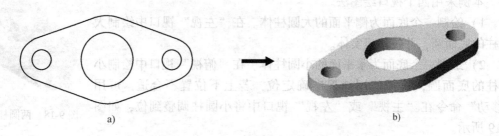

a)   b)

图9-21 用"差集"命令产生切割的示例
a) 绘制2D图形　b) 先"拉伸"后"差集"

操作步骤如下：

1）先绘制出图9-21a所示的图形，用"Pedit"命令将其合并。

2）用"拉伸"命令将图形拉伸一个高度。

3）用"差集"命令，按提示先选择外部实体，再选择要减去的3个圆，单击右键确定即可完成图9-21b所示图形。

☞ **注：**

本例用四个视口法或单个视口法均可，若用四个视口绘制，图9-21a所示的2D图形在哪个视口中绘制均可。实体图可用"3D动态观察器"旋转得到。

四、综合应用举例

例9-7 参照图9-22所示的底座三视图，完成底座的实体造型。

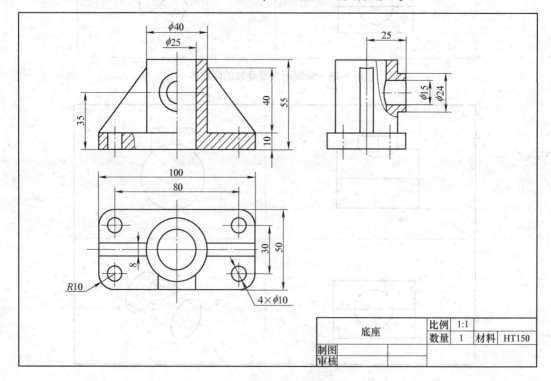

		比例	1:1		
底座		数量	1	材料	HT150
制图					
审核					

图9-22 底座的三视图

1.生成底板

1）在"俯视"视口中完成底座底板的 2D 图形，如图 9-23 所示。

2）用拉伸命令将底板拉伸高度 10（四个圆一块选中拉伸），再用"差集"命令完成板与孔间的相减，如图 9-24 所示。

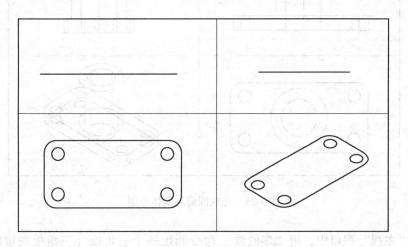

图 9-23　画出底板的平面图形

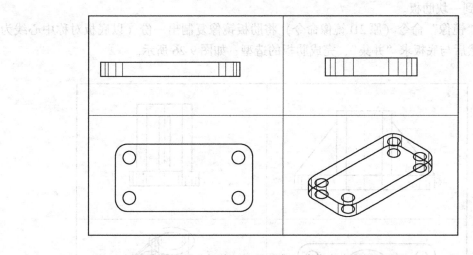

图 9-24　用"拉伸"和"差集"命令完成底板的造型

2.完成圆筒的造型

1）在"俯视"视口中画出直径为 φ40mm 的圆，在"主视"或"左视"视口中移动该圆到底板上表面中心处，用"拉伸"命令将该圆向上拉伸 45 生成圆柱，并与底板求"并集"。

2）在"俯视"视口中画出直径为 φ25mm 的圆，并在其他视口中移动该圆到圆柱上表面圆心处，用"拉伸"命令向下拉伸 55（负值），再与外圆柱求"差集"即生成圆筒，如图 9-25 所示。

3.完成两块肋板的造型

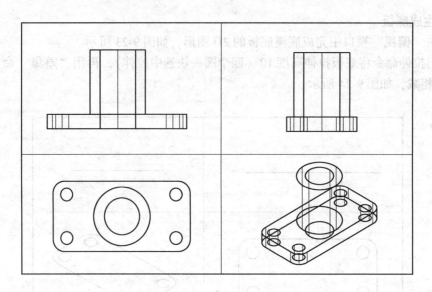

图 9-25   完成圆筒的实体造型

1）在"主视"视口中，用"多段线"命令画出一个三角板（三角板底边的长度应大于 30mm，以便与圆柱相交，例如取 33mm），在其他视口中将其移动到正确位置，将其拉伸 8mm，即得到一块肋板。

2）用"镜像"命令（原 2D 镜像命令）将肋板镜像复制出一份（以底板对称中心线为镜像线），然后与底板求"并集"，完成肋板的造型，如图 9-26 所示。

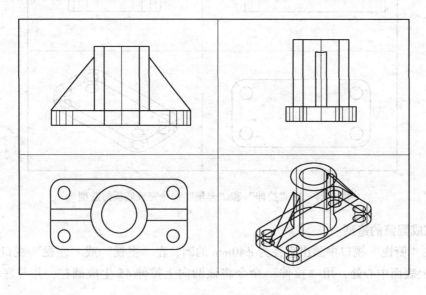

图 9-26   完成两块肋板的造型

4. 完成凸台的造型

1）在"主视"视口中画出两个圆，直径分别为 $\phi24$mm 与 $\phi15$mm，在其他视口中将该两圆移动到正确位置。

2）"拉伸" $\phi24$mm 的圆，拉伸长度为 12mm（在满足尺寸要求下，长度可自定，应注意能与圆筒产生相贯，取负值），并与圆柱求"并集"。再拉伸 $\phi15$mm 的小圆，拉伸长度为 15mm（负值），并与圆柱求"差集"，即得到该实体的全部造型，如图 9-27a 所示。

5. 执行"着色"

将"西南等轴测"视口切换为当前视口，选择实体，设置颜色为 9 号，执行"体着色"命令，结果如图 9-27b 所示。

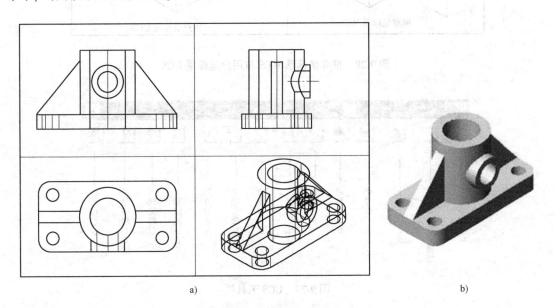

a)   b)

图 9-27　完成凸台与着色
a）完成凸台后的造型　b）着色后

第三节　直接绘制 3D 实体

如要在一个视口直接绘制 3D 图形，必须先学会用户坐标系统 UCS 的设置方法，才能进入 AutoCAD 的 3D 环境中。其绘图特点是：通过切换或定义 UCS 到绘制图形中，将 3D 图形简化成 2D 的方式来绘制，每一个 UCS 都可以有不同的原点，可将 UCS 定义到不同的位置。默认情况下，坐标系统的原点位于绝对坐标原点（0，0，0）处，此时，UCS＝WCS（世界坐标系）。如图 9-28 所示，将 UCS 定义到绘图平面上，以简化绘图工作。

一、定义用户坐标系 UCS

定义用户坐标系 UCS 最简单的方法是打开"UCS 工具栏"，直接调用，如图 9-29 所示为 UCS 工具栏，其各按钮的功能如图 9-29 所示。

各项的含义如下：

1）"UCS"命令：相当于从命令行输入"UCS"，可打开以下选项：

输入选项

［新建(N)/移动(M)/正交(G)/上一个(P)/恢复(R)/保存(S)/删除(D)/应用(A)/? /世界(W)］＜世界＞：

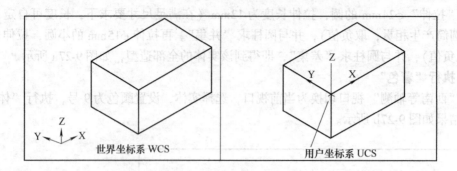

图 9-28　世界坐标系 WCS 与用户坐标系 UCS

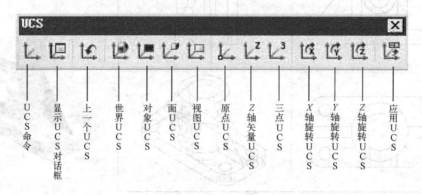

图 9-29　UCS 工具栏

如果要移动当前用户坐标系，可选择 M；如果要保存当前用户坐标系，可选择 S；用户可将自定义的 UCS 命名保存，以利以后调用。

如果要新建用户坐标系，选择 N，接下来的提示便是 UCS 工具栏上的其他选项内容。

2）显示 UCS 对话框（命名 UCS）：可打开 UCS 对话框。

3）上一个 UCS：恢复到前一次的 UCS。

4）世界 UCS：选此项将返回到世界坐标系 WCS。

5）对象 UCS：以选择对象的方式定义 UCS，坐标系将在平行于该对象的平面上。

6）面 UCS：将新的 UCS 定义到选取的面上，方法是在面的边界内或面的边界上单击左键。X 轴会对齐于选择点最接近的边界。（或单击右键，选择"下一个"，可切换到要选择的另一个面，或者将 UCS 做反转）

7）视图 UCS：设置当前的 UCS 为平行于视图平面而原点不变的 UCS。

8）Z 轴矢量 UCS：以定义新的原点及 Z 轴的正方向的方式变更 UCS，选取后会要求指定原点及 Z 轴正方向的点。

9）原点 UCS：重新定义原点，而 X、Y、Z 轴方向不变，要求指定原点。

10）三点 UCS：定义新原点及 X、Y 轴的正方向（要求输入新原点、X 轴正方向的点及 Y 轴正方向的点）。

11）X 轴旋转 UCS：将当前的 UCS 绕 X 轴旋转，要求输入旋转角（默认 90°）。

12）Y 轴旋转 UCS：将当前的 UCS 绕 Y 轴旋转，要求输入旋转角（默认 90°）。

13）Z 轴旋转 UCS：将当前的 UCS 绕 Z 轴旋转，要求输入旋转角（默认 90°）。

14）应用 UCS：将当前的 UCS 设置应用于指定的视口（或所有视口）。

二、使用三维动态观察器

在绘制 3D 实体的过程中，常常需要动态地观察实体的形状。AutoCAD 提供的三维动态观察器的查看功能，使用户查看实体图非常方便，在使用时，可打开"三维动态观察器"工具栏，如图 9-30 所示。

图 9-30 "三维动态观察器"工具栏

1．"三维平移"与"三维缩放"按钮

其功能与二维的平移与缩放功能相似，但用于三维实体。

2．"三维动态观察"按钮

可打开三维手动轨道，如图 9-31 所示。在绘图区内拖动光标可让实体任意移动或转动；拖动水平长轴上的圆环之一，可使实体绕铅垂轴旋转，如图 9-31b 所示；拖动竖直长轴上的圆环之一，可使实体绕水平轴旋转，如图 9-31c 所示。

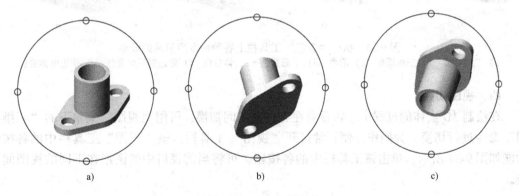

a)　　　　　　　　　　b)　　　　　　　　　　c)

图 9-31 三维动态观察

3．"三维连续观察"按钮

使用三维连续观察器时，可打开连续轨道，使实体自动连续旋转，操作的方法是：按住左键沿所希望的旋转方向拖动一下，再松开鼠标，实体将会按拖动的方向自动旋转，旋转的速度取决于拖动时的速度，如果想再改变转动方向，再重复拖动引导即可。

三、"着色"与"消隐"

着色与消隐是改变图形视觉效果的常用方法，当一个实体绘制完成后，常需要查看其立体效果，如本章前两节所绘制的实体，都用"着色"命令后，才能看到其实体效果，这在

3D 实体的绘制过程中，也是必不可少的。

"着色"就是给实体上色，其操作可用"视图"/ "着色"命令，也可用"着色"工具栏上的按钮实现，"着色"工具栏如图 9-32 所示。

"消隐"就是消除隐藏线，三维图形在正常显示的情况下，图形线条均会显现在图面上，可用"消隐"命令将图形的隐藏线消除。图 9-33 所示为三维图形在执行"着色"工具栏上的各种按钮命令后，呈现的不同视觉效果。

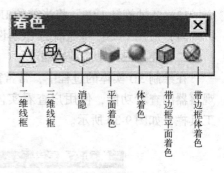

图 9-32 "着色"工具栏

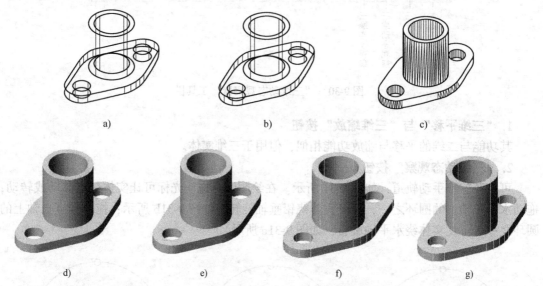

图 9-33 执行"着色"工具栏上各种命令后显示的效果

a) 二维线框　b) 三维线框　c) 消隐　d) 平面着色　e) 体着色　f) 带边框平面着色　g) 带边框体着色

四、视图切换

在绘制 3D 实体的过程中，常常会在各种视图间切换，可用"视图"菜单下的"三维视图"命令进行切换。为操作方便，常打开"视图"工具栏，该"视图"工具栏中的各按钮功能如图 9-34 所示，单击该工具栏中的各按钮，可将当前视口中的图形在不同的视图间切换。

图 9-34 "视图"工具栏

五、绘制 3D 实体

在一个视口中直接绘制 3D 实体，在操作时，一是要适时切换视图平面，以方便绘图操作；二是要合理定义用户坐标系 UCS，不同部分可能要用不同的 UCS 坐标系；三是要结合布尔运算进行"差集"、"并集"与"交集"；四是在绘图过程中要用不同的显示方式察看或显示实体效果。下面举例介绍绘制 3D 实体的方法。

例 9-8 按图 9-35a 所示的三视图，生成图 9-35b 所示的实体造型。

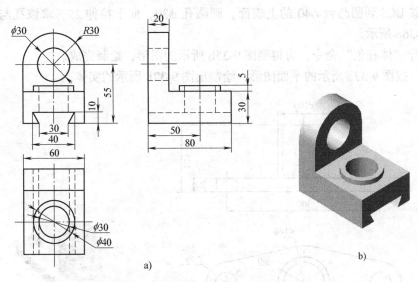

图 9-35 按三视图生成实体造型

操作步骤如下：

1）设置图幅 A4，当前线型为细实线，颜色为 9 号。

2）切换到"主视图"，画出图 9-36a，用 Pedit 命令合并为一条线，拉伸 80。

3）切换到"西南等轴测"视图，可见到图 9-36b 所示的图形。

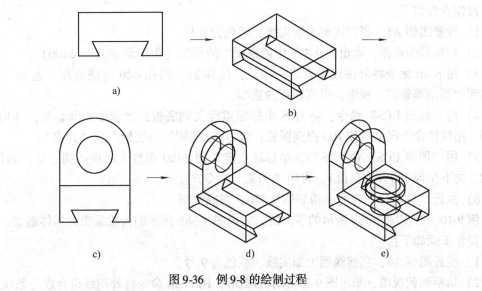

图 9-36 例 9-8 的绘制过程

4）切换到"上一页"（即后视图），用"面 UCS"命令将 UCS 定义到该后面上，利用捕捉定位画出图 9-36c，用 pedit 命令将所画部分合并为一条线。

5）切换到"西南等轴测"视图，拉伸 20（注意：根据 UCS 中 Z 轴的正方向来决定拉伸是正值还是负值），可见到图 9-36d 所示的图形；求 $\phi30$ 孔与半圆台的差集；再求半圆台与底座的并集。

6）定义 UCS 到底座的上表面，画圆凸台 $\phi40$，拉伸 5；求该圆凸台 $\phi40$ 与底座的并集。

7）平移 UCS 到圆凸台 $\phi40$ 的上表面，画圆孔 $\phi30$，向下拉伸 25，求该孔与底座的差集，如图 9-36e 所示。

8）执行"体着色"命令，可得到图 9-35b 所示的图形，绘制完成。

例 9-9 按图 9-37a 所示的平面图形，绘制出图 9-37b 所示的实体。

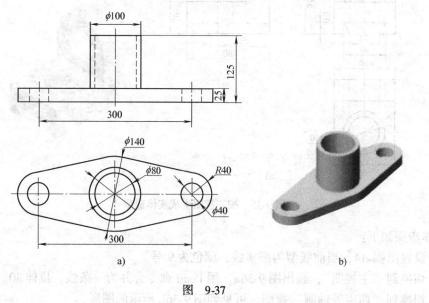

图 9-37

操作步骤如下：

1）设置图幅 A3，当前线型为细实线，颜色为 9 号。

2）切换到俯视图，画出图 9-37a 中俯视图中的图形（先不画 $\phi80$ 与 $\phi100$）。

3）用 pedit 命令将外围线组合成一条线，拉伸 25，两孔 $\phi40$ 与底板用"差集"计算，切换到"西南等轴测"视图，得到底板的造型。

4）用"原点 UCS"命令，将 UCS 坐标原点定义到底板的上表面的圆心处，画出 $\phi100$ 的圆，用拉伸命令向上拉伸 100 得到圆柱；将 $\phi100$ 的圆柱与底板产生"并集"。

5）用"原点 UCS"命令将 UCS 坐标原点定义到 $\phi100$ 圆柱上表面的圆心处，画出 $\phi80$ 的圆，向下拉伸 100（取负值），再用"差集"命令产生孔。

6）执行"体着色"命令，得到图 9-37b，完成绘制。

例 9-10 根据图 9-38a 所示的零件图，完成图 9-38b 所示的齿轮泵盖的实体造型。

操作步骤如下：

1）设置图幅 A4，当前线型为细实线，颜色为 9 号。

2）切换到俯视图，画出图 9-39 所示的图形，用 Pedit 命令将外围线组合成一条线。

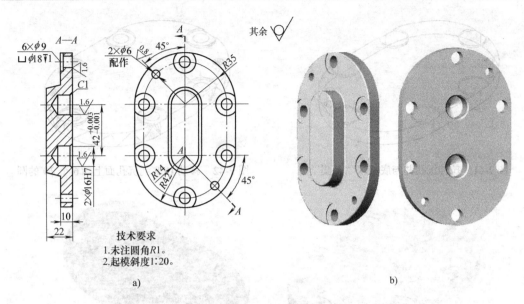

图 9-38 齿轮泵盖

a) 泵盖零件图 b) 泵盖实体造型

　　3）切换到"西南等轴测视图",将图形(外围线及 2 个小孔 $\phi 6$)反向拉伸 10(负值),求两个小孔 $\phi 6$ 与底板的"差集",如图 9-40 所示。

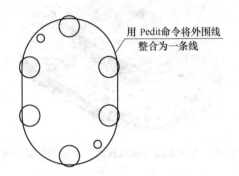

图 9-39 在俯视图中画出此图并用
Pedit 命令整合外围线

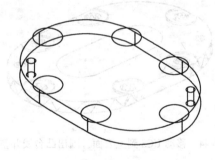

图 9-40 反向拉伸外围线及 2 个小孔
$\phi 6$,并求"差集"

　　4）将 6 个沉孔 $\phi 18$ 反向拉伸 −1,并与底板求"差集",如图 9-41 所示。

　　5）执行"消隐"命令,并用"面 UCS"命令将 UCS 坐标系定义到沉孔 −1 处的平面上(也可用"原点 UCS"命令直接将 UCS 的坐标原点定义到沉孔的圆心处),如图 9-42 所示,分别在 6 个沉孔的圆心处画出 6 个 $\phi 9$ 的圆。

　　6）反向拉伸 6 个 $\phi 9$ 的圆,拉伸高度为 −9,并与底板求"差集",得到 6 个孔。执行"体着色"命令后,可见到图 9-43 所示的实体图形(也可用"三维动态观察器"察看是否合格)。

　　7）执行"消隐"命令,移动 UCS(可用"面 UCS")到上表面,用捕捉大圆心准确定位,画出凸台 $R14$ 的圆及切线,修剪后,再用 Pedit 命令整合成一条线,如图 9-44 所示。

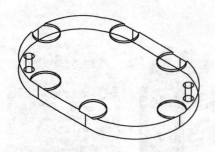

图 9-41   拉伸沉孔并与底板求 "差集"

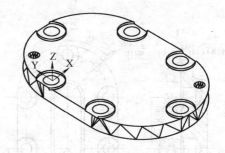

图 9-42   移动 UCS 到沉孔面上画 6 个 φ9 的圆

图 9-43   "体着色" 后见到的 8 个孔

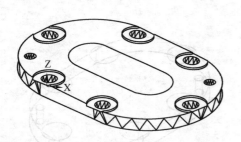

图 9-44   移动 UCS 到上表面, 画出凸台线并整合

图 9-45   在 "东南等轴测视图" 下见到的实体效果

8) 将凸台拉伸 12 的高度, 倾斜角 2.86° (起模斜度 1:20, 其倾斜角度为 2.86°); 再求凸台与底板的 "并集"; 将 UCS 返回到世界坐标系 WCS (用 "UCS" 命令), 执行 "体着色" 后, 可见到实体效果。图 9-45 是切换到 "东南等轴测视图" 后观察到的效果。

9) 切换到仰视图, 用 "面 UCS" 命令将 UCS 移动到底面上, 画出 φ16 的两个圆, 反向拉伸 −13, 并与底板求 "差集", 如图 9-46 所示。

10) 选择 "三维框架图", 切换到

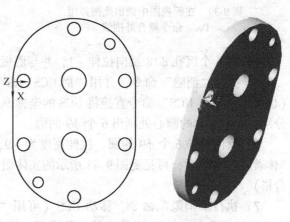

图 9-46   在仰视图中画 φ16 的两个孔
(左图为仰视图, 右图为实体效果)

"东南等轴测视图"（或将实体旋转到某一角度位置），切换 UCS 到孔 φ16 的 −13 深度的面上，再画出 φ16 的圆，如图 9-47a 所示。

11）反向拉伸两个 φ16 的圆（反向与正向取决于 Z 轴的正向是何方），拉伸高度 = 8 × $\tan 30° = 4.6188$，拉伸角度 = 60°（即 120° 的锥角），完成后，再求锥孔与底板的"差集"，如图 9-47b 所示。

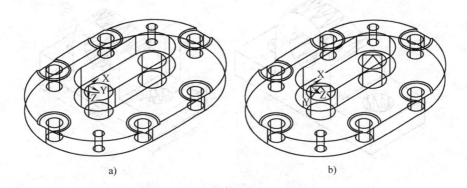

图 9-47 生成两个 φ16 的锥孔
a）画锥孔 φ16 的圆 b）拉伸 φ16 的锥孔

12）进行"体着色"，用"三维动态观察器"将图形旋转到合适位置，为两个 φ16 的孔倒角 $C1$，倒角命令即二维绘图中的倒角命令，操作时，选择三维实体后，系统后自动识别出三维实体，按提示进行即可，如图 9-48a 所示。

13）切换到"西南等轴测视图"，为泵盖表面倒圆角 $R1$，圆角命令即二维绘图中的圆角命令，按提示进行即可（在提示中选择"环"或"边"），其结果如图 9-48b 所示。

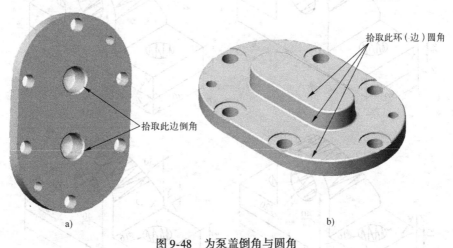

图 9-48 为泵盖倒角与圆角
a）倒角 $C1$ b）倒圆角 $R1$

☞ **注：**

三维图形的倒角与圆角操作命令介绍见第十章。

14）用"三维动态观察器"旋转查看图形，即可得到图 9-38b 所示的结果。

六、3D 图形的尺寸标注

3D 图形的尺寸标注，主要是利用 UCS 的改变来进行，即把 *XY* 坐标平面放置在要标注尺寸的面上（尺寸方向即 *X*、*Y* 方向），要标注某个面的尺寸，就将 UCS 移动或定义到该面上，然后进行标注。下面举例介绍 3D 图形的尺寸标注方法。

例 9-11　完成图 9-49 的尺寸标注

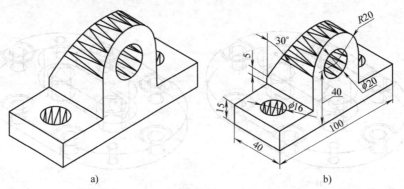

图　9-49
a) 3D 图形　b) 3D 图形的尺寸标注

操作步骤如下：

1）移动 UCS 到 *A* 面上（用"面 UCS"等命令，如果 *XYZ* 轴方向不合适，可用绕 *Z* 轴旋转等命令调整），完成尺寸 40 及 15 的标注，如图 9-50a 所示。

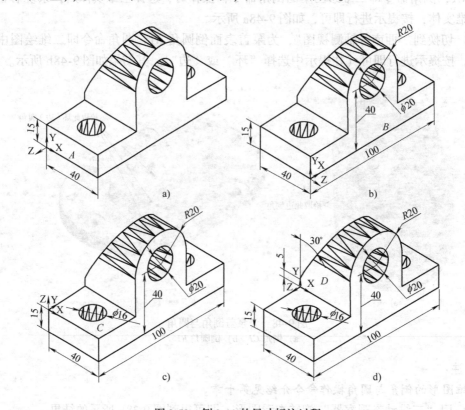

图 9-50　例 9-11 的尺寸标注过程

2）移动 UCS 到 B 面上，完成尺寸 100、40、R20、φ20 的标注，如图 9-50b 所示。

3）移动 UCS 到 C 面上，完成尺寸 φ16 的标注，如图 9-50c 所示。

4）移动 UCS 到 D 面上，完成尺寸 5 及 30°的标注，如图 9-50d 所示。

5）用"UCS"命令将坐标系返回到 WCS，完成图 9-49b。

3D 图形尺寸标注的实体显示效果如图 9-51 所示。

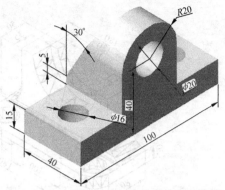

图 9-51　3D 图形尺寸标注的实体显示效果

思考与上机练习

复习与思考

1. 什么是 UCS？如何定义 UCS？

2. 如何在多个视口中绘制三维实体？如何在一个视口中绘制三维实体？

3. 如何对三维实体进行"消隐"与"着色"处理？

上机练习

练习1 参照图 9-4 建立四个视口，画出底面为水平面的基本 3D 实体，如圆柱体、圆锥体、圆环、楔形体、球体、立方体等。

练习2 在一个视口中绘图，取底面为水平面（俯视图），用拉伸的方法画出图 9-10 所示图形，尺寸自定，然后再用"带边框体着色"命令进行着色处理。

练习3 用拉伸的方法画出图 9-11 所示图形。

（提示：采用四个视口，在主视图视口中完成图形形状，用 Pedit 命令整合为一条线，再拉伸，尺寸自定。）

练习4 参照例 9-3 用旋转法完成图 9-14 及图 9-15 所示图形。

练习5 参照例 9-5 用叠加法完成图 9-18 所示图形。

练习6 参照例 9-6 用切割法完成图 9-21 所示图形。

练习7 参照例 9-7 完成图 9-27b 所示的底座造型。

练习8 参照例 9-8 完成图 9-35b 所示的 3D 造型。

练习9 参照例 9-9 完成图 9-37b 所示的 3D 造型。

练习10 按图 9-52a 所示的尺寸，完成图 9-52b 所示的 3D 造型。

练习11 按图 9-53a 所示的尺寸，完成图 9-53b 所示的 3D 造型。

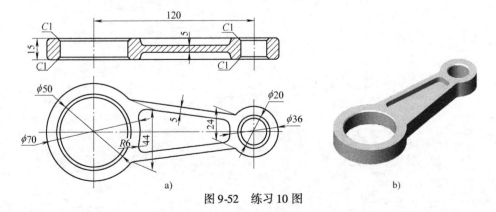

a)

b)

图 9-52　练习 10 图

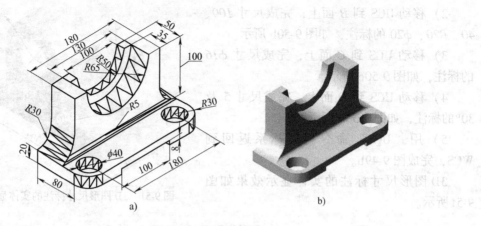

图 9-53　练习 11 图

练习 12　按图 9-54a 所示的尺寸，完成图 9-54b 所示的 3D 造型。

（提示：先画出轴的上半部图形，用旋转方法绘制出轴的 3D 造型。倒角的绘制可参见第十章第一节。）

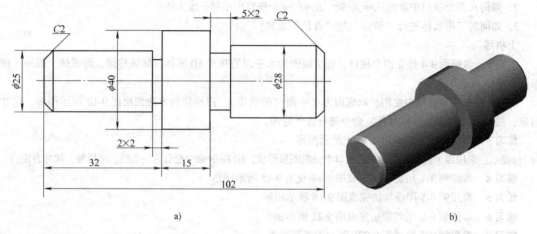

图 9-54　练习 12 图

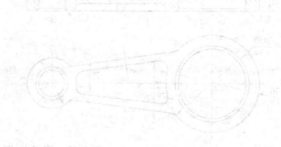

第十章 3D 实体的编辑

在 AutoCAD 中编辑 3D 实体,可以进行倒斜角、倒圆角、剖切、切割、修改面等操作,也可以像编辑二维图形那样,执行移动、复制、旋转、阵列、镜像(移动、复制、旋转、镜像命令即二维编辑命令)等命令的操作。本章主要介绍 3D 实体的倒斜角、倒圆角、剖切、抽壳、修改等操作方法。

本章主要介绍以下内容:

- 编辑 3D 实体的边
- 3D 实体的剖切与切割
- 编辑 3D 实体的面
- 其他 3D 编辑命令

第一节 编辑 3D 实体的边

一、对 3D 实体倒斜角

输入命令的方式:

➢ 单击"修改"工具栏中的"倒角"按钮

➢ 单击菜单栏中的"修改"/"倒角"命令

操作步骤如下:

1)选择要倒角基面的某边。此命令操作时,首先选择某边,系统会自动判断出是 3D 实体,然后给出相应的提示。

基面选择…

输入曲线选择选项 [下一个(N)/当前(OK)] <当前>:

2)回车或单击右键确认。

3)输入倒角距离。此时提示为:

输入基面的倒角距离 <1.0000>:2

指定其他曲面的倒角距离 <1.0000>:2

4)选择倒角方式(即单边倒角还是环形倒角),单击右键或回车确认。

此时提示为:

选择边或[环(L)]:

☞ 注:

按提示,若直接选择实体的一个边或几个边,确定后所选边将被倒角(但所选的边必须位于基面上);若选择"环"(即 L 选项),再选择实体的某面(该面只能是基面),所选面的所有边将被倒角。

图 10-1 所示为执行倒角命令(距离 2)的结果。图 10-1a 所示为倒角前的形状,图

10-1b 所示为倒一条边后的形状，图 10-1c 所示为选择"环"后倒角了基面的四条边的形状。

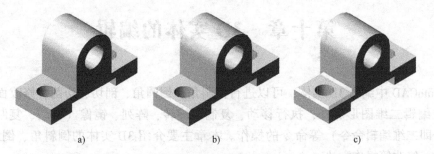

图 10-1　对 3D 实体倒斜角示例

a）倒角之前　b）选择一条边倒角　c）选择"环"倒角

二、对 3D 实体倒圆角

输入命令的方式：

➤ 单击"修改"工具栏中的"圆角"按钮

➤ 单击菜单栏中的"修改"/"圆角"命令

操作步骤如下：

1）选择要倒圆角的边。

2）输入圆角半径。

3）选择其他边或按回车键确认。

图 10-2b 为执行圆角命令后（半径 10）的结果。

图 10-2　对 3D 实体倒圆角示例

a）倒圆角之前　b）倒圆角之后

第二节　3D 实体的剖切与切割

一、3D 实体的剖切

剖切实体就是将已有的实体沿指定的平面切开，分割成不同的实体，或移去指定的部分，保留另一部分的实体图形。

剖切时常需要确定剖切平面，确定剖切平面常用的方法有：三点定义剖切平面（即指定平面上的 3 个点）、以选择对象方式定义剖切面、以 Z 轴定义剖切面、以 XY 平面/YZ 平面/XZ 平面定义剖切面等。

输入命令的方式：

➤ 单击"实体"工具栏中的"剖切"按钮

➤ 单击菜单栏中的"绘图"/"实体"/"剖切"命令

➤ 由键盘输入：SLICE（或 SL）

系统提示：

指定切面上的第一个点，依照[对象(O)/Z 轴(Z)/视图(V)/XY 平面(XY)/YZ 平面(YZ)/ZX 平面(ZX)/三点(3)]<三点>：

1. 三点定义剖切面

操作步骤如下：

1）选择"剖切"命令，选择要做剖切的实体。

2）选择决定剖切平面的三个点（用捕捉）。

3）选择要保留侧的任意点（以剖切平面为基准），如果输入 B，则表示两侧实体均要保留。

4）如果保留两侧，可利用"移动"命令将实体移开即得所需图形。

图 10-3 为用三点定义剖切面的剖切示例。

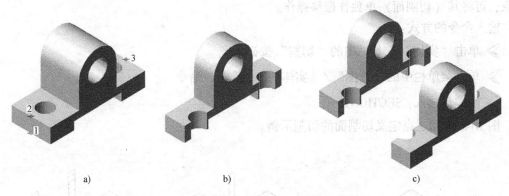

图 10-3 用三点定义剖切面的剖切示例
a）3 点确定剖切面 b）保留一侧 c）保留两侧

2. 以选择的对象定义剖切面

此命令是用一个实体对象（圆、椭圆、圆弧、2D 样条曲线、2D 多段线等对象）来对要剖切的对象进行剖切，操作时要先画出一个矩形、圆等剖切面，并平移到要剖切的位置，然后采用"剖切"命令选择要剖切的实体，提示要选择剖切面第一点时，选择"对象（O）"，再去选择作为剖切面的对象，再选择要保留的一侧即可。

图 10-4 所示为以选择一个圆定义剖切面来剖切实体的示例。剖切完成后，可将作为剖切面的圆删除。

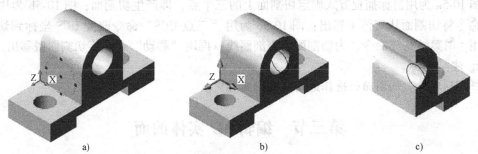

图 10-4 以选择的对象定义剖切面的剖切示例
a）在平行平面上画一圆 b）将圆移动到孔端面圆心上 c）以此圆为剖切面剖切

☞ **注：**

1）以 Z 轴定义剖切面。

提示：选择"剖切"命令后，选择要剖切的实体，在提示选择剖切面第一点时，选择

"Z 轴"，接着选择剖切面上一点，再选择剖切平面 Z 轴（法线）上的一点，再选择要保留的一侧即可。

2）以 XY/YZ/ZX 平面定义剖切面。

提示：首先要定好 UCS 平面（如 XY 平面），选择"剖切"命令后，选择要剖切的实体，提示输入剖切面上第一点时，选择"XY 平面"（或"YZ 平面"，"ZX 平面"），然后指定 XY 平面上的点（0,0,0），再选择要保留侧的一点即可。

二、切割 3D 实体

切割命令可在图形上产生一个切割面，原实体图形不变，而这个切割面被视为一个整体对象，可将其（切割面）单独作搬移操作。

输入命令的方式：

➢ 单击"实体"工具栏中的"切割"按钮 ▣

➢ 单击菜单栏中的"绘图"/"实体"/"截面"命令

➢ 由键盘输入：SECTION↙

图 10-5 为用三点定义切割面的切割示例。

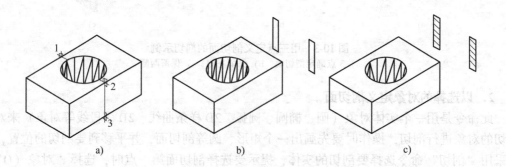

图 10-5　三点定义切割面的切割示例
a) 三点定义切割面　b) 将切割面从实体中移出　c) 填充剖面线后再移出

图 10-5a 为用目标捕捉方式确定切割面上的三个点，即产生切割面；图 10-5b 为用"移动"命令将切割面从实体中移出；图 10-5c 为用"三点 UCS"命令改变 UCS 坐标到切割面上，用"图案填充"命令，为切割面填充剖面线，再用"移动"命令将切割面搬移出。

☞ 注：

产生切割时，切割面的选择选项同剖切面相同。

第三节　编辑 3D 实体的面

编辑 3D 实体的面，指对实体上的面进行拉伸、移动、旋转、复制和删除等操作，编辑 3D 实体常用到"实体编辑"工具栏，各操作按钮功能如图 10-6 所示。

一、拉伸面

拉伸面是指通过拉伸实体的某个面，来达到拉伸一个实体的目的，用于对已有实体进行拉伸。拉伸面可将指定的实体面拉伸到指定的高度或沿一路径拉伸，并且一次可选择多

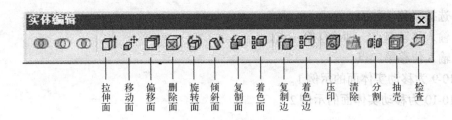

图 10-6　　"实体编辑"工具栏

个面。

输入命令的方式：

➤ 单击"实体编辑"工具栏中的"拉伸面"按钮 ▱

➤ 单击菜单栏中的"修改"/"实体编辑"/"拉伸面"命令

操作步骤如下：

1）选择要拉伸的面。可依次选择要拉伸相同高度的面，回车或单击右键结束选择。

2）输入拉伸高度（或指定"路径"）。

3）输入拉伸角度（默认 0 度）。

图 10-7 为对实体上端面进行拉伸的示例。

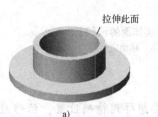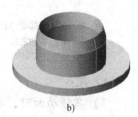

图 10-7　拉伸实体面的示例

a) 拉伸面之前　b) 拉伸面之后（有倾角）

利用"拉伸面"命令，将图 10-7a 的上端面拉伸高度为 20，倾斜角度为 10°，得到图 10-7b 所示的图形。

图 10-8 为对实体前端面进行拉伸的示例（倾斜角度为 0 度）。

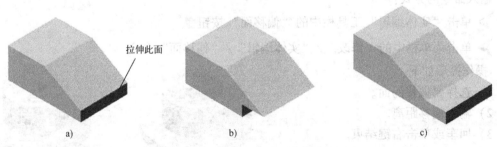

图 10-8　拉伸实体前端面示例

a) 拉伸之前　b) 拉伸高度为负值　c) 拉伸高度为正值

二、移动面

"移动面"命令可改变 3D 实体面的位置，并改变实体外形。

输入命令的方式：

➤ 单击"实体编辑"工具栏中的"移动面"按钮 ▱

➤ 单击菜单栏中的"修改"/"实体编辑"/"移动面"命令

操作步骤如下：

1) 选择要移动的面。

2) 输入移动基点，即位移第一点。

3) 输入位移第二点。

图 10-9 为移动实体面的示例 1。

图 10-10 为移动实体面的示例 2。

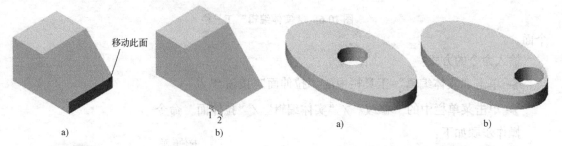

图 10-9　移动 3D 实体面的示例 1
a) 移动之前　b) 移动之后

图 10-10　移动 3D 实体面的示例 2
a) 移动（孔）之前　b) 移动（孔）之后

☞ **注：**

1) 在移动面时，要想得到精确位置，位移应采用相对坐标，例如图 10-10 中孔的移动定位，应先将 UCS 移到孔的圆心处，捕捉其圆心点，再采用相对坐标输入位移第二点。

2) 以上两命令中如选择了不该选择的面时，可利用操作提示中的"删除（R）"选项，将被选取的面取消。

三、偏移面

"偏移面"命令可将实体偏移一个距离（类似于平面中的偏移命令）。偏移面按指定的距离或通过指定的点均匀地偏移，正值增大实体尺寸或体积，负值减少实体尺寸或体积。

输入命令的方式：

➤ 单击"实体编辑"工具栏中的"偏移面"按钮 ▣

➤ 单击菜单栏中的"修改"／"实体编辑"／"偏移面"命令

操作提示如下：

1) 选择要偏移的面。

2) 输入偏移距离。

3) 回车或单击右键结束。

图 10-11 为偏移内孔（偏移距离为正值）的示例。

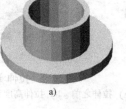
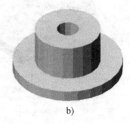

图 10-11　偏移内孔面的示例
a) 偏移之前　b) 偏移之后

四、旋转面

"旋转面"命令可将实体面绕指定的旋转轴旋转一个角度，以改变实体的外形。

输入命令的方式：

➤ 单击"实体编辑"工具栏中的"旋转面"按钮 ▣

➤ 单击菜单栏中的"修改"／"实体编辑"／"旋转面"命令

操作步骤如下：

1）选择要旋转的面。

2）指定旋转轴线（默认为指定两点，以该两点的连线为旋转轴）。

3）输入旋转角度，回车或单击右键结束。

图 10-12 为将长孔面按指定的轴线旋转 90°的示例。

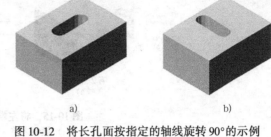

图 10-12　将长孔面按指定的轴线旋转 90°的示例
a）旋转之前　b）旋转之后

五、删除面

"删除面"命令可将 3D 实体中多余的面或画错的面删除。

输入命令的方式：

➤ 单击"实体编辑"工具栏中的"删除面"按钮 🔲

➤ 单击菜单栏中的"修改"／"实体编辑"／"删除面"命令

操作步骤如下：

1）选择要删除的面。

2）回车或单击右键结束（所选面被删除后，相邻的面将会自动延长相交）。

图 10-13 为删除圆角面后的示例。

图 10-14 为删除前端面后的示例。

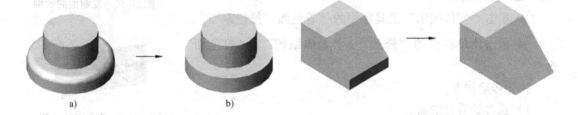

图 10-13　删除圆角面的示例　　　　　图 10-14　删除前端面的示例

六、倾斜面

"倾斜面"命令可改变实体面的倾斜角度。

输入命令的方式：

➤ 单击"实体编辑"工具栏中的"倾斜面"按钮 ⬡

➤ 单击菜单栏中的"修改"／"实体编辑"／"倾斜面"命令

操作步骤如下：

1）选择要倾斜的面（可一次选择多个面）。

2）指定基点及第二个点建立倾斜轴。

3）指定倾斜角度。

图 10-15a 按第 1 点和第 2 点连线为轴，将左端面倾斜 30°后，得到图 10-15b 所示图形。

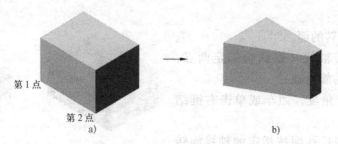

图 10-15 将左端面倾斜的示例
a) 倾斜之前 b) 倾斜之后

七、复制面

"复制面"命令可将实体面复制为面域。

输入命令的方式：

➤ 单击"实体编辑"工具栏中的"复制面"按钮 ▣

➤ 单击菜单栏中的"修改"/"实体编辑"/"复制面"命令

操作步骤如下：

1）选择要复制的面。

2）指定基点及第二个位移点，完成复制。

图 10-16 为对实体左端面复制得到的效果。

八、着色面

"着色面"命令可将选定的实体面设置为不同的颜色。

输入命令的方式：

➤ 单击"实体编辑"工具栏中的"着色面"按钮 ▣

图 10-16 复制面的示例

➤ 单击菜单栏中的"修改"/"实体编辑"/"着色面"命令

操作步骤如下：

1）选择要着色的面。

2）选择要设置的颜色，回车或单击右键结束。

图 10-17 为将实体左端面着色得到的效果。

图 10-17 着色面的示例

九、压印

"压印"命令是在选定的对象上压上一个对象。为了使压印操作成功，被压印的对象必须与选定对象的一个或多个面相交（即所选择的对象必须与实体面有相交）。压印操作仅限于对圆弧、圆、椭圆、直线、2D 和 3D 多段线、样条曲线、面域及 3D 实体等对象进行操作。

输入命令的方式：

➤ 单击"实体编辑"工具栏中的"压印"按钮 ▣

➤ 单击菜单栏中的"修改"/"实体编辑"/"压印"命令

操作步骤如下：

1）选择三维实体。

2）选择要压印的对象。

3）是否删除源对象［是(Y)/否(N)］<N>：y

☞ 注：

压印完成后用"着色面"将压印区域着色，用"体着色"将实体图形着色。压印后实体上的压印痕迹就和三维实体成为了一体。

图 10-18 为用一个圆作为压印对象，在立方体的上表面产生一个压印的示例。

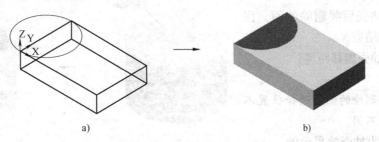

图 10-18　压印示例 1
a) 压印之前　b) 压印之后（并"着色"）

要压印的对象也可以是 3D 实体，如图 10-19 所示的压印。

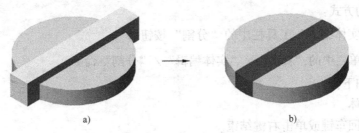

图 10-19　压印示例 2
a) 压印之前　b) 压印之后（并"着色"）

十、清除

该命令可将所有压印及未用到的边删除。

输入命令的方式：

➢ 单击"实体编辑"工具栏中的"清除"按钮 ▦

➢ 单击菜单栏中的"修改"/"实体编辑"/"清除"命令

操作步骤如下：

1）选择三维实体。

2）按两次回车键或单击右键即可。

☞ 注：

清除后，三维实体表面的颜色会变成压印的颜色，可通过修改颜色回到原状。

第四节　其他 3D 编辑命令

一、抽壳

"抽壳"命令可将实体对象变成一个中空且具有指定厚度的薄壳。

输入命令的方式:

➢ 单击"实体编辑"工具栏中的"抽壳"按钮 ▣

➢ 单击菜单栏中的"修改"/"实体编辑"/"抽壳"命令

操作步骤如下:

1) 选择三维实体。

2) 选择抽壳后要删除的面,回车或单击右键结束。

3) 输入抽壳偏移距离。

☞ 注:

抽壳后要删除的面的选择位置不同,抽壳效果不同。

图 10-20 为抽壳效果示例。

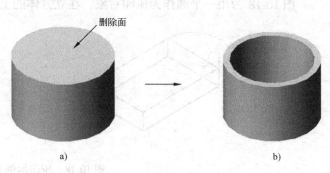

图 10-20　抽壳效果示例
a) 抽壳之前　b) 抽壳之后

二、分割

该命令可将组合 3D 实体(用"并集"产生的不相连的)分割成各自独立的 3D 实体。

输入命令的方式:

➢ 单击"实体编辑"工具栏中的"分割"按钮 ▥

➢ 单击菜单栏中的"修改"/"实体编辑"/"分割"命令

操作步骤如下:

1) 选择实体。

2) 按两次回车键或单击右键结束。

例如,用"并集"命令将图 10-21a 所示的两个零件合并为一个整体对象,再用"分割"命令分解为单个实体。

 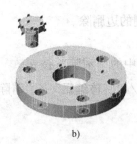 

图 10-21　分割实体示例
a) 实体图形　b)"并集"后,一次可选所有组成对象　c) 分割后,可分别选取

三、3D 阵列

该命令可产生 3D 实体的阵列操作。

输入命令的方式:

➢ 单击菜单栏中的"修改"/"三维操作"/"三维阵列"命令

➢ 由键盘输入:3DARRAY(或 3A)↙

系统提示：

选择对象：

输入阵列类型[矩形(R)/环形(P)] <矩形>：

☞ **注**：

1）矩形阵列：需输入行数、列数、层数、行间距、列间距、层间距。

2）环形阵列：基本同 2D 图形的环形阵列，不同处旋转轴需输入两点。

阵列后用"并集"命令将对象组合。

图 10-22 为 3D 矩形阵列的示例；图 10-23 为 3D 环形阵列的示例（图中直线为阵列旋转轴）。

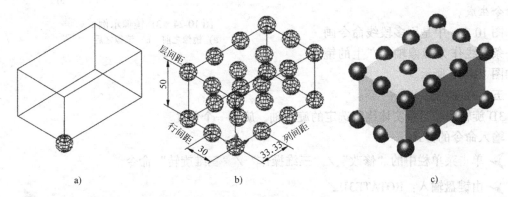

图 10-22　3D 矩形阵列示例

a）阵列前　b）3D 矩形阵列　c）着色后

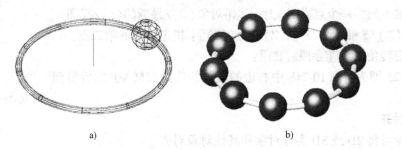

图 10-23　3D 环形阵列示例

a）阵列之前　b）"环形阵列"并"着色"

四、3D 镜像

该命令可将 3D 图形镜像。

输入命令的方式：

➤ 单击菜单栏中的"修改"/"三维操作"/"三维阵列"命令

➤ 由键盘输入：MIRROR3D✓

系统提示：

选择对象：

指定镜像平面（三点）的第一个点或[对象(O)/最近的(L)/Z 轴(Z)/视图(V)/XY 平面(XY)/YZ 平面(YZ)/ZX 平面(ZX)/三点(3)] <三点>：

选择圆、圆弧或二维多段线线段：

是否删除源对象？［是（Y）/否（N）］＜否＞：

☞**注：**

可选择三点决定一个镜像平面来产生镜像，或选用坐标平面、Z 轴，也可选择一对象来作为镜像轴。如果选择对象（O），才出现第三步，能作为镜像轴的对象必须是用圆、椭圆、2D 样条曲线、2D 多段线命令生成。

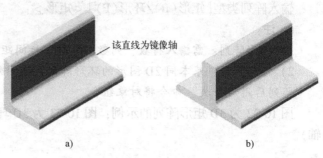

该直线为镜像轴

图 10-24　3D 镜像示例

a）镜像之前　b）镜像之后

图 10-24a 中是用多段线命令画的一条直线作为镜像轴，产生的镜像如图 10-24b 所示。

五、3D 旋转

3D 旋转命令可将实体绕所选定的旋转轴，旋转一个角度。

输入命令的方式

➢ 单击菜单栏中的"修改"/"三维操作"/"三维旋转"命令

➢ 由键盘输入：ROTATE3D↙

系统提示：

选择对象

指定轴上的第一个点或定义轴依据［对象(O)/最近的(L)/视图(V)/X 轴(X)/Y 轴(Y)/Z 轴(Z)/两点(2)］：指定轴上的第二点：

指定旋转角度或［参照（R）］：

图 10-25 即为将图 10-24b 中右边的实体绕底边旋转 90°之后得到的图形。

图 10-25　3D 旋转示例

六、对齐

该命令可将 2D 或 3D 实体对象和其他对象对齐

输入命令的方式：

➢ 单击菜单栏中的"修改"/"三维操作"/"对齐"命令

➢ 由键盘输入：ALIGN↙

操作步骤如下：

1）选择欲移动的对象。

2）指定第一个源点（见图 10-26a）。

3）指定第一个目标点（见图 10-26a 中楔块斜面边的中点）。

4）指定第二个源点（见图 10-26a）。

5）指定第二个目标点（见图 10-26a 中楔块斜面边的底端点），回车或单击右键确认。

6）是否基于对齐点缩放对象？［是(Y)/否(N)］＜否＞：回车结束。

对齐后的结果如图 10-26b 所示。如果改变源点或目标点的次序，将得到如图 10-27 所示的结果。

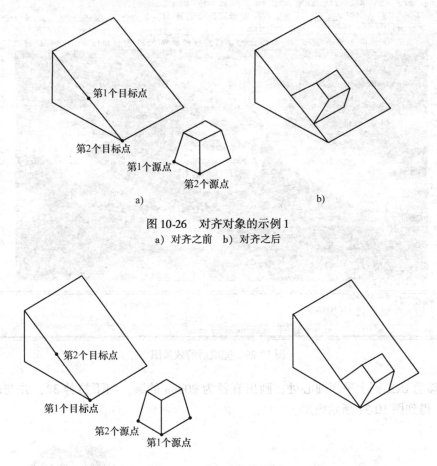

图 10-26　对齐对象的示例 1
a）对齐之前　b）对齐之后

图 10-27　对齐对象的示例 2

七、设置背景、材质、渲染实例

实例：按图 10-28 所示的零件尺寸，执行下列提示操作，完成图 10-29 所示的效果图。
操作步骤如下：

1）设置图幅为横 A4。

2）切换到俯视图，画出一个球体，直径为40mm。

3）切换到西南等轴测图，剖切该球，两个剖切面距球心距离分别为 16mm。剖切时，根据提示采用 *XY* 平面剖切，单击"捕捉自"按钮，第一个剖切面从球心向上捕捉到"0，0，16"点作为 *XY* 剖切平面的原点，第二个剖切面从球心向下捕捉到"0，0，－16"点作为 *XY* 剖切平面的原点，两次剖切均保留中间的一部分。

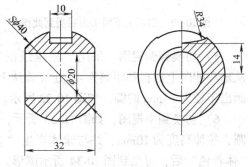

图 10-28　零件图

剖切后，用"带边框体着色"（颜色采用"青色"）可见到图 10-30 所示图形。

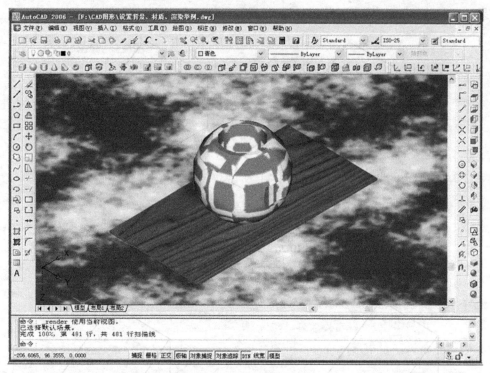

图 10-29　完成后的效果图

　　4）移动 UCS 到上平面圆心处，画出直径为 20mm 的圆，向下拉伸 32，并与球体产生"差集"，得到图 10-31 所示图形。

图 10-30　剖切上下两个面后得到此图

图 10-31　拉伸直径 20 的圆产生孔

　　5）切换到俯视图，采用"三维线框"，画半径为 34mm 的圆，单击"捕捉自"按钮，从球心处向上捕捉到距离为 48 处（或从上平面圆心处向上捕捉到距离为 32 处）得到圆心，画出半径为 34mm 的圆，如图 10-32 所示。

　　6）切换到主视图，如图 10-33 所示，将 $R34$ 的圆向上或向下移动 5，然后拉伸 $R34$ 的圆，拉伸高度为 10mm，并与球体产生"差集"便得到圆弧槽。切换回东北等轴测图，用"体着色"后，可见到图 10-34 所示图形。

　　7）切换到仰视图，将 UCS 移动到底面的圆心处，画出矩形 100mm × 50mm。然后将 UCS 返回到世界坐标系 WCS。返回到东北等轴测图，拉伸此矩形板，高度为 –1，颜色为 41 号，"体着色"后，可见到图 10-35 所示图形。

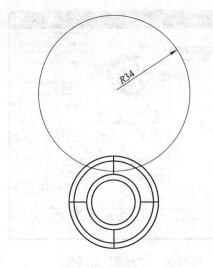

图 10-32　在俯视图中画 *R*34 圆

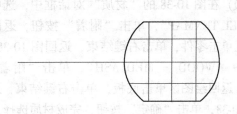

图 10-33　在主视图中移动 *R*34 圆并拉伸

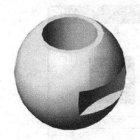

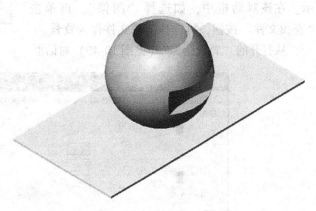

图 10-34　在东北等轴测图中可见到圆弧槽

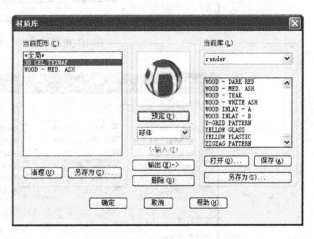

图 10-35　画出底板后的图形

8) 选择"视图"菜单下的"渲染"/"材质"命令，打开"材质"对话框如图 10-36 所示，在该对话框中选择"材质库"按钮，可打开"材质库"对话框，如图 10-37 所示。

图 10-36　"材质"对话框

图 10-37　"材质库"对话框

9) 在"材质库"对话框中，选择当前库中的材质名，通过"预览"可观察到材质的画面，如分别选中"3D CEL TEXMAP"和"WOOD-MED. ASH"，单击"输入"按钮，将其移到左侧"当前图形"列表中，再单击"确定"
返回到"材质"对话框，如图 10-38 所示。

10）在图 10-38 的"材质"对话框中，选中
"3D CEL TEXMAP"，单击"附着"按钮，返回
绘图区单击零件，单击右键结束，返回图 10-38；
再选中"WOOD – MED. ASH"，单击"附着"
按钮，返回绘图区单击底板，单击右键结束，返
回图 10-38，单击"确定"按钮，完成材质选择。

11）选择"视图"菜单下的"渲染"/"背
景"命令，打开"背景"对话框，如图 10-39 所
示。在该对话框中，如选择"图像"，再单击
"查找文件"按钮，可选择图像文件作为背景。

从打开的"背景图像"（见图 10-40）对话框

图 10-38　"材质"对话框

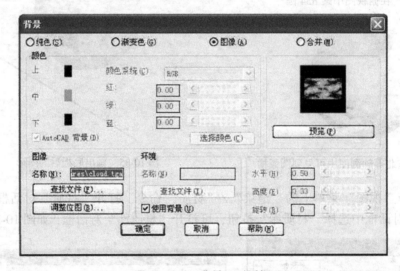

图 10-39　"背景"对话框

图 10-40　"背景图像"对话框

中，选择"TEXTURES"文件夹下的"Cloud. tga"文件，返回到图 10-39 中，可从"预览"中看到此图像，单击"确定"按钮，完成背景设置。

12）选择"视图"菜单下的"渲染"/"渲染"命令，打开图 10-41 所示的"渲染"对话框，选择"渲染类型"为"照片级真实渲染"，单击"确定"按钮，可得到图 10-29 所示的效果图。

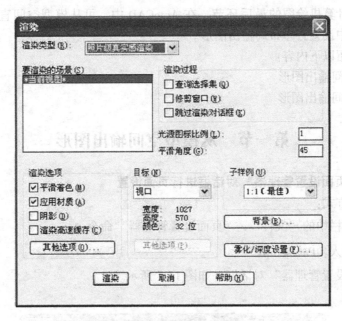

图 10-41　"渲染"对话框

思考与上机练习

复习与思考

1. 如何为三维实体附着"材质"？

2. 如何为三维实体设置"背景"？

3. 如何对三维实体进行"渲染"处理？

上机练习

练习 1　画出图 10-1、图 10-2 所示的实体，并对该实体倒斜角和圆角。

练习 2　参照图 10-3、图 10-4 对实体进行剖切。

练习 3　参照图 10-7、图 10-8 对实体面进行拉伸。

练习 4　参照图 10-10 对实体面进行移动。

练习 5　参照图 10-11 对实体面进行偏移。

练习 6　参照图 10-12 对实体面进行旋转。

练习 7　参照图 10-13、图 10-14 对实体面进行删除。

练习 8　参照图 10-18、图 10-19 产生压印操作。

练习 9　参照图 10-20、进行抽壳练习。

练习 10　参照图 10-22、图 10-23 进行矩形阵列和环形阵列操作。

练习 11　参照图 10-26、图 10-27 进行对齐操作。

练习 12　参照本章第四节所举渲染实例进行操作练习。

第十一章　打印输出

打印输出是计算机绘图的最后环节，在 AutoCAD 中，可从模型空间直接输出图形，也可以在图纸空间中设置打印布局输出图形。

本章主要介绍以下内容：
- 从模型空间输出图形
- 从图纸空间输出图形

第一节　从模型空间输出图形

一、通过"页面设置管理器"对话框进行页面设置

输入命令的方式：

➢ 单击菜单栏中的"文件"/"页面设置管理器"命令

➢ 由键盘输入：Pagesetup↙

打开"页面设置管理器"对话框，如图 11-1 所示。

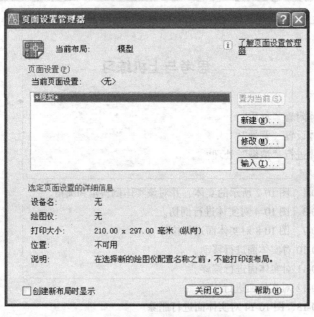

图 11-1　"页面设置管理器"对话框

1. 新建打印样式

如果要新建打印样式，则单击"新建"按钮，弹出"新建页面设置"对话框，如图 11-2所示。

在"新建页面设置"对话框中的"新页面设置名"框中输入打印样式名称（默认为"设置1"）。例如："A4打印"，在"基础样式"框中选择一个已有的基础样式（在此样式基础上修改时用）或选择"无"，单击"确定"按钮，弹出"页面设置—模型"对话框，如图11-3所示。

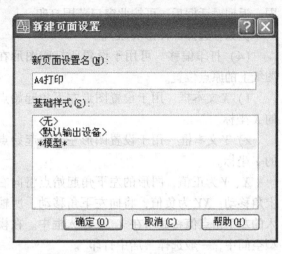

图11-2 "新建页面设置"对话框

（1）"打印机/绘图仪"区域

1）名称（M）：从下拉列表中选择打印机或绘图仪的型号。

2）特性（R）：如选择了打印机或绘图仪的型号后，"特性"按钮便可使用。单击"特性"按钮可打开图11-4所示的"绘图仪配置编辑器"对话框，可根据需要进行设置。

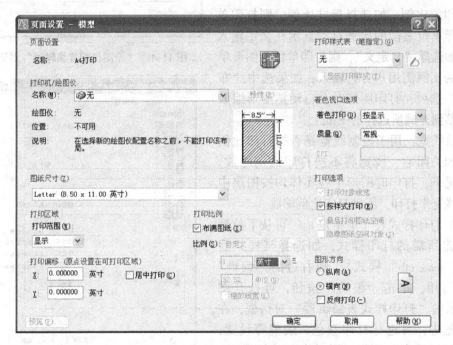

图11-3 "页面设置—模型"对话框

（2）图纸尺寸区 从"图纸尺寸"下拉列表中选择要打印图纸的尺寸，例如"A4"，此时，在该对话框中的图形区，将自动显示出打印图纸的尺寸和单位，如图11-6所示。

（3）打印区域 从"打印范围"下拉列表中选择打印范围（有窗口、范围、图形界限、显示四种选择）。

1）图形界限：选择此项，将按 Limits 命令所建立的图形界限打印。

2）范围：选择此项，将打印当前作图空间内所有的图形实体。

3）显示：选择此项，将打印当前视窗内显示的图形。

4）窗口：选择此项，再单击"窗口"按钮，将返回绘图区；用鼠标拖出一个窗口范围，返回对话框后，可按此窗口范围打印。

例如：选择"图形界限"。

（4）打印偏移　可用于设置所打印图形在图纸上的原点位置。

1）*X* 文本框　用于设置图形左下角起始点的 *X* 坐标。

2）*Y* 文本框　用于设置图形左下角起始点的 *Y* 坐标。

X、*Y* 为正值，图形的左下角起始点将向右上角移动；*XY* 为负值，将向左下角移动，所输入的左下角点值将显示在 *X*、*Y* 输入框中。在模型空间中，一般选择"居中打印"。

（5）打印比例　可从"比例"下拉列表中选择打印的比例，如选择标准比例，则打印单位与图形单位之间的比例自动显示在文字输入框中；如选择"自定义"，则打印单位与图形单位之间的比例需用户自行输入；如果选中"布满图纸"选项，打印图形时会自动把图形缩放比例调整到充满所选择的图纸上。

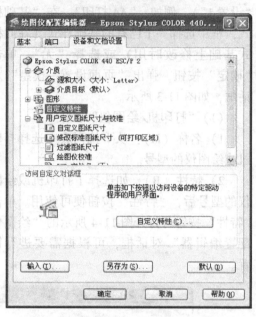

图 11-4　"绘图仪配置编辑器"对话框

缩放线宽：用于控制线宽是否按打印比例缩放，如关闭它，线宽将不按打印比例缩放。一般情况下，打印时图形中各实体均按图层中指定的线宽来打印，不随打印比例缩放。

（6）打印样式表（笔指定）　可从下拉列表中选定所需的打印样式，如选择某样式后（例如"acad.ctb"样式），则右边的"编辑"按钮便可用，单击"编辑"按钮，可打开图11-5所示的"打印样式表编辑器"对话框，在该对话框中，可进行打印颜色、线型等设置，单击"编辑线宽"按钮，可弹出"编辑线宽"对话框，进行打印线宽的设置。

图 11-5　"打印样式表编辑器"对话框

（7）着色视口选项　用于设置打印三维图形时着色的方式等，有"显示"、"线框"、"消隐"、"渲染"等四种选择。打印质量有"常规"、"草稿"、"预览"、"演示"、"最大"、"自定义"等选择。

（8）打印选项

1）打印对象线宽：控制打印时是否按对象设置的线宽。

2）按样式打印：控制是否按选定的打印样式打印。

3）最后打印图纸空间：控制打印模型空间和图纸空间中实体的顺序。

4）隐藏图纸空间对象：控制打印三维图形时是否消除隐藏线。

（9）图形方向

1）纵向：选择此项，输出图样的长边将与图纸的长边垂直。

2）横向：选择此项，输出图样的长边将与图纸的长边平行。

3）反向打印：选择此项，将在图形指定了"纵向"或"横向"的基础上旋转180°。

以上设置的"A4打印"样式的设置结果如图11-6所示。

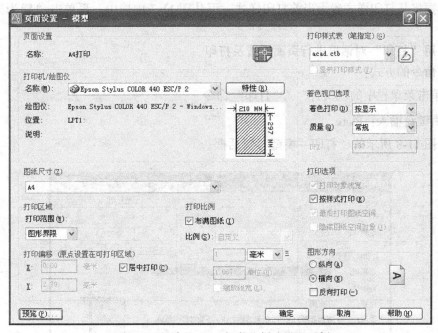

图11-6 新建的"A4打印"样式设置示例

设置完成后，单击"确定"按钮，即完成该图的页面设置，返回到图11-1所示的"页面设置管理器"对话框，此时，该对话框中将出现所设置的"A4打印"样式名称，如图11-7所示，单击"关闭"按钮即退出设置。

此时，如果要打印该图，可从"文件"菜单中选择"打印"命令，在打开的"打印"对话框中，选择页面设置名称"A4打印"，再单击"确定"按钮，即可将图形按所设置的"A4打印"样式进行打印。

2. 修改已有的打印样式

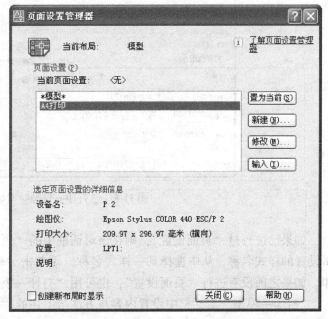

图11-7 "A4打印"样式名出现在"页面设置管理器"对话框中

如果要对已有打印样式进行修改，可从图 11-7 中选择某样式名称，再单击"修改"按钮，可对所选的打印样式进行修改。例如，选中"＊模型＊"，单击"修改"按钮，直接进入图 11-3，修改的方法与新建样式所述的方法相同。

3．如果要从文件选择页面设置

可从图 11-1 或图 11-7 中单击"输入"按钮。

4．将某打印样式置为当前样式

如果要将某打印样式置为当前打印样式，可从图 11-7 中选中，再单击"置为当前"即可。

二、用"打印"对话框进行页面设置及打印

输入命令的方式：

➢ 单击菜单栏中的"文件"／"打印"命令

➢ 由键盘输入：Plot✓

打开图 11-8 所示的"打印—模型"对话框。

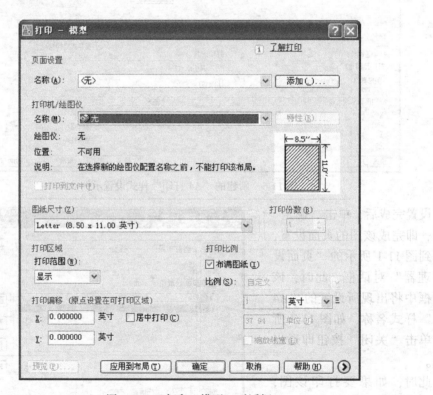

图 11-8　"打印—模型"对话框

如果已进行过"页面设置"，则在该对话框中的"页面设置"名称下拉列表中将显示出所设置的样式名称，从中选择某一样式名称，再单击"确定"按钮，即可按该样式进行打印。如果之前没有进行"页面设置"，也可用"打印—模型"对话框直接进行打印设置。

"打印—模型"对话框中设置内容与方法与上述的"页面设置"对话框中的设置基本相同，不同之处有以下三点。

1）要新建打印样式，应单击"添加"按钮，在弹出的"添加页面设置"对话框中输入新页面设置名称后返回图 11-8 再进行设置。

2）打印份数：确定打印份数。

3）预览：在图 11-8 与图 11-6 中均有"预览"按钮，单击"预览"按钮，可在打印前预览整个详细的图面情况，如图 11-9 所示。

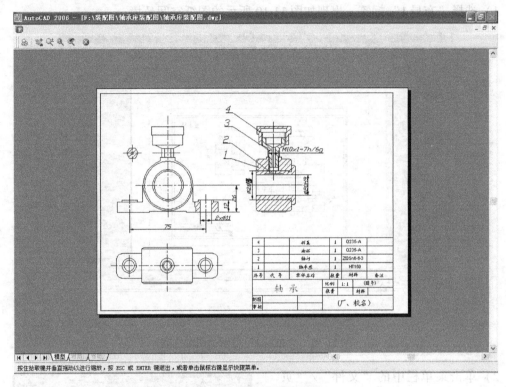

图 11-9 打印前预览图形

在预览区单击右键，在快捷菜单中选择"退出"，或单击左上角的"关闭预览窗口"按钮，即可返回"打印"对话框（也可按 ESC 键返回）。

4）应用到布局：单击"应用到布局"按钮，可将设定的页面设置应用到图纸空间，设置完成后，单击"确定"按钮，即可打印出图。

第二节　从图纸空间输出图形

模型空间与图纸空间是为用户提供的两种工作空间，模型空间可用于建立二维和三维模型的造型环境，是主要的工作空间；图纸空间是一个二维空间，就像一张图纸，主要用于设置打印的不同布局。

命令区上方有"模型"、"布局 1"、"布局 2"标签，一般绘制或编辑图形都是选择"模型"标签（称为在模型空间作图），"布局 1"或"布局 2"标签（称为图纸空间）主要用来设置打印的条件。例如：可以选择"布局 1"标签设置为 A3 图纸大小的打印格式，选择"布局 2"标签设置为 A0 图纸大小的彩色绘图机打印格式，因此，可以在一个图文件中，针对不同的绘图机或打印机、不同的纸张大小或比例，分别设置成不同的打印布局（即不同的页面设置），如果需要按某种页面设置打印，只要选择相关的布局即可，不必做重复的设置工作。

实例 设置"布局1"打印格式。

操作步骤如下：

1）选择"布局1"标签，出现如图11-10所示的图纸空间环境。

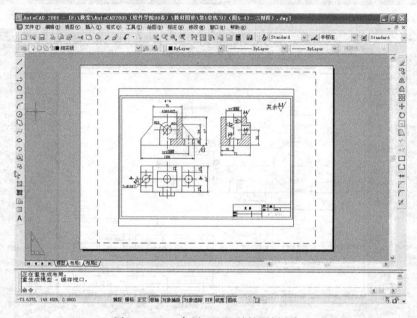

图11-10 "布局1"显示的图纸空间

2）单击菜单栏中的"文件"/"页面设置管理器"命令，打开图11-11所示图形。

3）单击"修改"按钮，将打开"页面设置—布局1"对话框（与图11-6相似），其中进行的设置与第一节所述的页面设置相同，此处略。

同理，可对"布局2"进行设置。

此外，如果需要添加新的图纸空间环境，可右键单击某布局的标签，选择"新建布局"，依次可增加"布局3"、"布局4"等，同样，可对其设置不同的打印格式。

图11-11 显示"布局1"的页面设置管理器对话框

附录 计算机绘图图例

1．抄画图附-1 所示的图形。

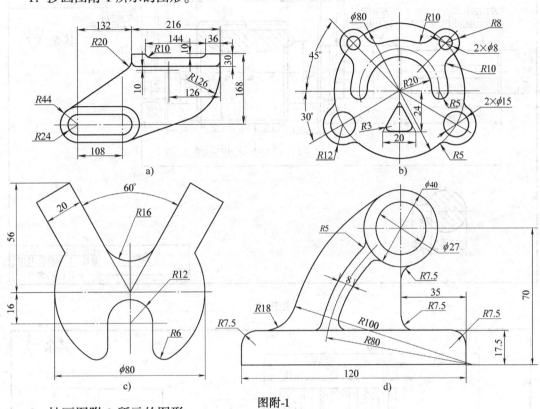

图附-1

2．抄画图附-2 所示的图形。

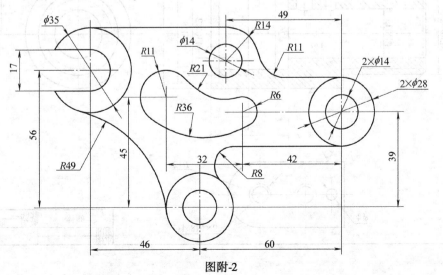

图附-2

3. 抄画图附-3 所示的齿轮轴零件图（图幅 A3）。

4. 抄画图附-4 所示的零件图。

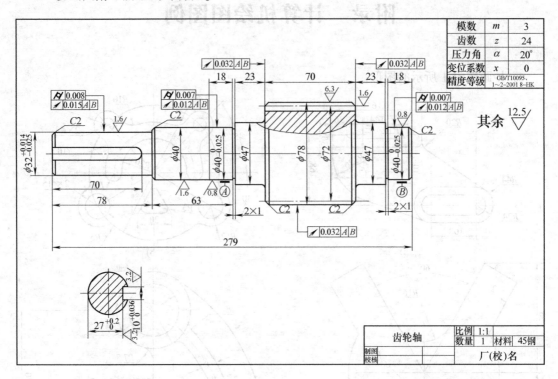

图附-3

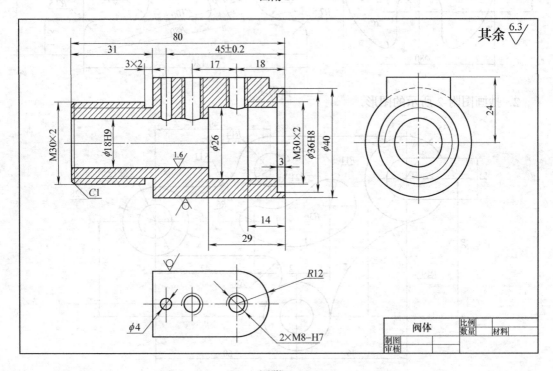

图附-4

5. 抄画图附-5 所示的泵盖零件图。

6. 抄画图附-6 所示的零件图。

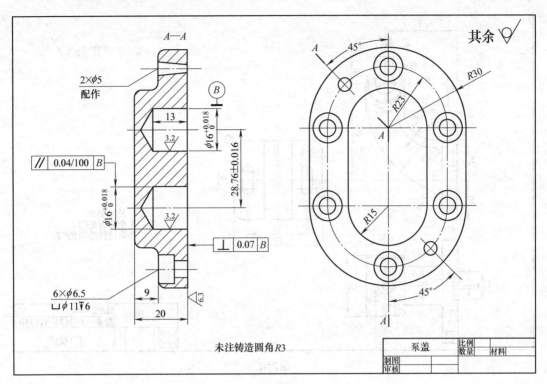

图附-5

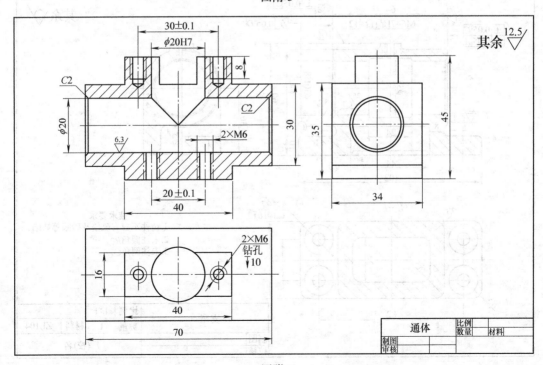

图附-6

7. 抄画图附-7 所示的零件图。

8. 抄画图附-8 所示的零件图。

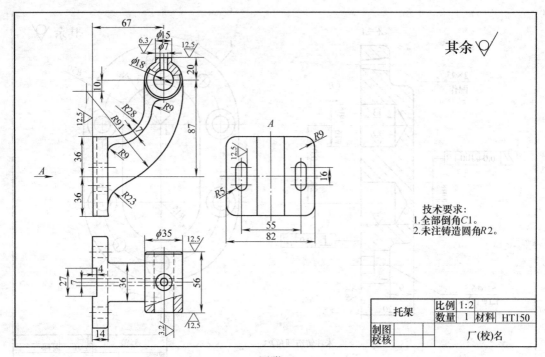

图附-7

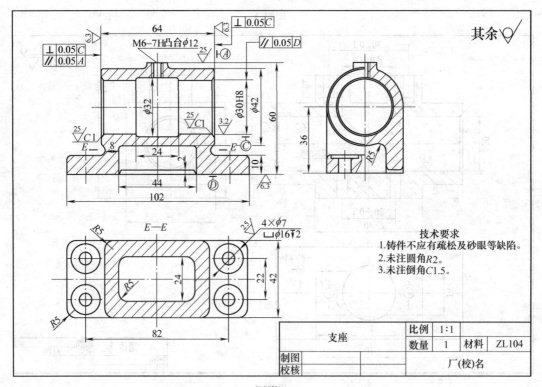

图附-8

9. 根据图附-9～图附-14所示的零件图，绘制千斤顶装配图（见图附-15）。

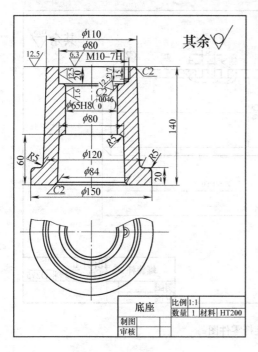

图附-9 底座零件图

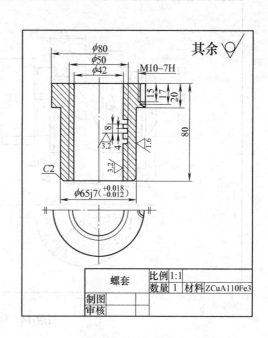

图附-10 螺套零件图

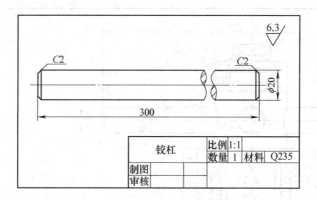

图附-11 铰杠零件图

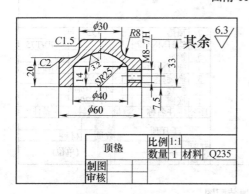

图附-12 顶垫零件图

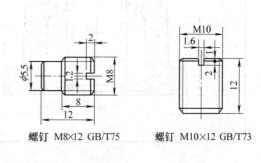

螺钉 M8×12 GB/T75　　螺钉 M10×12 GB/T73

图附-13 螺钉零件图

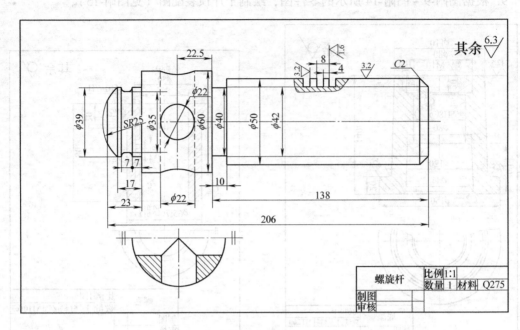

图附-14　螺旋杆零件图

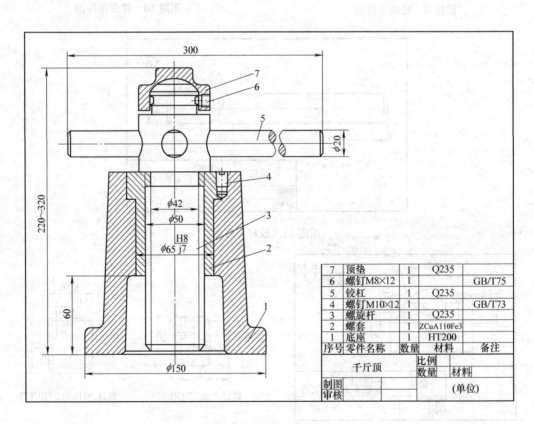

7	顶垫	1	Q235	
6	螺钉M8×12	1		GB/T75
5	铰杠	1	Q235	
4	螺钉M10×12	1		GB/T73
3	螺旋杆	1	Q235	
2	螺套	1	ZCuAl10Fe3	
1	底座	1	HT200	
序号	零件名称	数量	材料	备注

千斤顶	比例		材料
	数量		
制图			(单位)
审核			

图附-15　千斤顶装配图

参 考 文 献

[1] 张忠蓉. AutoCAD 2005 绘图技能实用教程 [M]. 北京：机械工业出版社, 2006.

[2] 任晓耕. AutoCAD 上机操作指导与练习 [M]. 北京：化学工业出版社, 2006.

[3] 李国琴. AutoCAD 2006 绘制机械图训练指导 [M]. 北京：中国电力出版社, 2006.

[4] 曾令宜. AutoCAD 2004 工程绘图技能训练教程 [M]. 北京：高等教育出版社, 2004.

[5] 潘苏蓉，黄晓光. AutoCAD 2006 应用教程与实例详解 [M]. 北京：机械工业出版社, 2006.

[6] 胡建生，高秀艳，赵洪庆，等. CAXA 电子图板 XP 应用教程 [M]. 北京：机械工业出版社, 2004.

[7] 金大鹰. 机械制图（非机械类专业少学时）[M]. 北京：机械工业出版社, 2004.

[8] 马慧，刘宏军. 机械制图 [M]. 2 版. 北京：机械工业出版社, 2004.

[9] 赵红，马慧. 机械制图习题册 [M]. 2 版. 北京：机械工业出版社, 2004.

[10] 吴权威，慕城. AutoCAD 2000 3D 绘图实务 [M]. 北京：清华大学出版社, 2000.

参考文献

[1] 张爱凤. AutoCAD 2005 建筑设计实例教程 [M]. 北京: 电子工业出版社, 2006.

[2] 陈志民. AutoCAD 机械制图基础与实例 [M]. 北京: 清华大学出版社, 2006.

[3] 李善锋. AutoCAD 2006 中文版机械制图实例教程 [M]. 北京: 中国电力出版社, 2006.

[4] 金大鹰. AutoCAD 2004 工程制图与技能训练教程 [M]. 北京: 机械工业出版社, 2004.

[5] 李长胜. 崔建成. AutoCAD 2000 应用基础与实例解析 [M]. 北京: 机械工业出版社, 2006.

[6] 胡仁喜. 刘昌丽. 杨雪. CAXA 电子图板 XP 应用教程 [M]. 北京: 机械工业出版社, 2004.

[7] 孙江宏. 机械制图与计算机绘图(第2版) [M]. 北京: 清华大学出版社, 2004.

[8] 李启炎. 汪大海. 计算机绘图(第二版) [M]. 上海: 同济大学出版社, 2004.

[9] 蒋爱云. 于爱荣. 机械制图与计算机绘图 [M]. 哈尔滨: 哈尔滨工业大学出版社, 2004.

[10] 陈伯雄. 殷英. AutoCAD 2000 3D 应用与开发 [M]. 北京: 清华大学出版社, 2000.